普通高等院校计算机基础教育系列规划教材

Visual Basic 程序设计上机指导与习题集

主　编　粮婵新　谭　亮　张少平
副主编　凌　琳　李光泉　李　娟　林晓伟
　　　　裴冬菊　邵　鹏　沈俊鑫

北京理工大学出版社
BEIJING INSTITUTE OF TECHNOLOGY PRESS

内 容 简 介

本书是《Visual Basic 程序设计》(粮婵新等主编)一书的配套教材,由两部分组成:实验指导与习题集。实验指导部分介绍了 Visual Basic 集成环境下应用程序的开发方法和相关实例。本部分明确实验目的,概括理论知识要点,采用典型的例题,使学生逐步了解 Visual Basic 语言的特点,掌握程序设计的基本技巧和方法。习题集部分提供了多数知识点的选择、填空、简答题,并提供参考答案,便于学生进行有针对性的测试。

本书内容精练,例题经典,由浅入深地介绍知识点,逐步扩展和提高学生分析问题与解决问题的能力,有助于学好 Visual Basic 程序设计。

本书可与《Visual Basic 程序设计》一书配套使用,也可以单独作为 Visual Basic 6.0 课程设计和 Visual Basic 自学者的参考书。

版权专有　侵权必究

图书在版编目(CIP)数据

Visual Basic 程序设计上机指导与习题集 / 粮婵新,谭亮,张少平主编. —北京:北京理工大学出版社,2018.1(2018.2 重印)

ISBN 978-7-5682-5126-6

Ⅰ. ①V⋯　Ⅱ. ①粮⋯　②谭⋯　③张⋯　Ⅲ. ①BASIC 语言-程序设计-高等学校-教学参考资料　Ⅳ. ①TP312.8

中国版本图书馆 CIP 数据核字(2017)第 331505 号

出版发行	/	北京理工大学出版社有限责任公司
社　　址	/	北京市海淀区中关村南大街 5 号
邮　　编	/	100081
电　　话	/	(010)68914775(总编室)
		(010)82562903(教材售后服务热线)
		(010)68948351(其他图书服务热线)
网　　址	/	http://www.bitpress.com.cn
经　　销	/	全国各地新华书店
印　　刷	/	三河市天利华印刷装订有限公司
开　　本	/	787 毫米×1092 毫米　1/16
印　　张	/	15
字　　数	/	350 千字
版　　次	/	2018 年 1 月第 1 版　2018 年 2 月第 2 次印刷
定　　价	/	38.00 元

责任编辑 / 王玲玲
文案编辑 / 王玲玲
责任校对 / 周瑞红
责任印制 / 施胜娟

图书出现印装质量问题,请拨打售后服务热线,本社负责调换

前　言

  Visual Basic 是开发 Windows 环境下应用程序的一种可视化编程语言，具有易学等特点，且功能强大，深受广大编程人员的喜爱。目前，许多高校已将它作为非计算机专业学生计算机应用能力培养的入门语言和主干课程。然而，初学程序设计的学生存在上机操作无从下手的现象。本书就是为了更好地配合理论教学，提高学生的实际编程能力而编写的。

  本书是《Visual Basic 程序设计》（粮婵新等主编）的配套教材，以培养学生程序设计的基本方法及分析问题、解决问题的能力为切入点而编写的。内容上遵循由简到繁、由浅入深和循序渐进的原则，给出大量典型应用实例，符合学习习惯及不同层次读者的需求。

  全书分为两部分：第一部分为实验指导，包含多个实验，涵盖 Visual Basic 开发环境、基本控件的使用方法、程序设计的基本结构（选择、循环、数组、过程等）、图形设计、数据文件、数据库应用、多媒体与网络编程等知识点，实验目的明确、相关知识介绍精练，实验内容能够体现知识点与难点；第二部分为习题集部分，涵盖了 Visual Basic 程序设计课程各章知识点的练习，并提供参考答案。

  本教材在介绍操作流程的基础上对实验做了详细的分析并给出提示及程序代码，便于读者快速学习和掌握 Visual Basic 程序设计语言。

  限于编者水平，加之时间仓促，不当之处敬请广大读者批评指正，以期本书在使用过程中不断完善。

编　者
2018 年 1 月

CONTENTS 目录

第一部分　实验指导 ·· (1)
　　实验 1　Visual Basic 集成开发环境 ··· (3)
　　实验 2　简单 Visual Basic 程序设计 ··· (13)
　　实验 3　Visual Basic 语言基础 ·· (24)
　　实验 4　顺序结构程序设计 ··· (32)
　　实验 5　选择结构程序设计 ··· (35)
　　实验 6　循环结构程序设计 ··· (44)
　　实验 7　数组 ·· (53)
　　实验 8　过程 ·· (68)
　　实验 9　常用控件 ··· (81)
　　实验 10　文件 ·· (91)
　　实验 11　界面设计 ··· (105)
　　实验 12　图形设计 ··· (118)
　　实验 13　数据库程序设计 ··· (132)
　　实验 14　编程规范和调试程序 ·· (155)

第二部分　习题集 ·· (161)
　　第 1 章　Visual Basic 概述 ·· (163)
　　第 2 章　简单的 Visual Basic 程序设计 ··· (165)
　　第 3 章　Visual Basic 语言基础 ·· (172)
　　第 4 章　Visual Basic 顺序结构 ·· (177)
　　第 5 章　Visual Basic 选择结构 ·· (180)
　　第 6 章　Visual Basic 循环结构 ·· (185)
　　第 7 章　数组 ·· (194)
　　第 8 章　过程 ·· (205)
　　第 9 章　常用控件 ··· (220)
　　第 10 章　文件 ··· (224)
　　第 11 章　用户界面设计 ·· (227)
　　第 12 章　图形操作 ··· (228)
　　第 13 章　数据库程序设计 ·· (230)

参考文献 ·· (234)

第一部分

实验指导

实验 1 Visual Basic 集成开发环境

一、实验目的

1. 掌握 Visual Basic 6.0 的启动与退出。
2. 熟悉 Visual Basic 的集成开发环境。
3. 掌握属性窗口的使用,熟悉不同类型属性的设置方法。
4. 掌握窗体设计器窗口与工具箱的使用,学习控件的添加、删除和布局。
5. 掌握代码窗口的使用。
6. 了解工程和窗体的基本操作。
7. 了解 Visual Basic 联机帮助系统的使用方法。

二、相关知识

1. Visual Basic 6.0 的启动和退出

(1) 进入 Visual Basic 6.0 集成开发环境的 3 种方法:

① 单击任务栏上的"开始"按钮,选择"程序"→"Microsoft Visual Basic 6.0 中文版"→"Microsoft Visual Basic 6.0 中文版"命令。

② 在桌面创建 Visual Basic 6.0 的快捷方式,双击快捷方式图标即可。

③ 选择"开始"→"运行"命令,在弹出的对话框中输入 Visual Basic 6.0 启动文件的名字(包括路径),如"C:\Program Files\Microsoft Visual Studio \VB98\VB6.EXE",单击"确定"按钮即可。

用上面的任何一种方法启动 Visual Basic 6.0 后,将显示"新建工程"对话框,选择使用的工程类型,单击"打开"按钮,即可进入 Visual Basic 6.0 集成开发环境。也可以双击已保存的 VB 工程文件,打开该工程,进入 Visual Basic 6.0 集成开发环境。

(2) 退出 Visual Basic 的 2 种方法:

① 在 Visual Basic 6.0 的集成开发环境中,选择菜单栏中的"文件"→"退出"命令。

② 在 Visual Basic 6.0 的集成开发环境中,单击主窗口标题栏右侧的"关闭"按钮。

执行退出命令后,如果当前程序已修改过并且没有存盘,系统将弹出一个对话框,询问用户是否将其保存。

2. Visual Basic 6.0 的集成开发环境

Visual Basic 6.0 的集成开发环境提供了设计、编辑、编译和调试等许多功能。它同 Windows 环境类似,有标题栏、菜单栏、工具栏,另外,还有完成各种特定功能的窗口,如工具箱窗口、属性窗口、窗体窗口等。Visual Basic 6.0 的主窗口如图 1-1 所示。

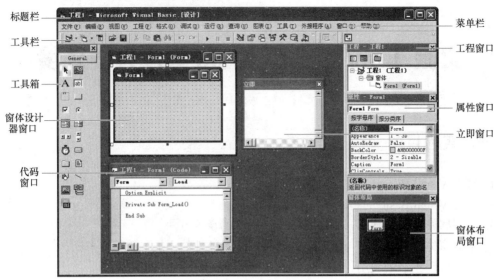

图 1-1　Visual Basic 6.0 应用程序集成开发环境

（1）标题栏。通过标题栏可以看到 Visual Basic 的工作状态，若图 1-1 中的标题栏处显示的项目名称有"[设计]"字样，表示当前处于设计状态，可以进行程序设计。若有"[运行]"字样，表示当前处于运行状态，可以看到程序运行的结果。

（2）工具栏。标准工具栏中重点需要掌握图 1-2 所示的工具选项。

图 1-2　工具栏

标准工具栏中的各项工具也可以通过"视图"菜单找到。选择菜单栏中的"视图"选项，在下拉列表中选择相应的工具栏，调用 VB 提供的编辑、窗体编辑器、调试等工具。

（3）工具箱。一般情况下，工具箱位于窗体的左侧（图 1-1）。其中的工具分为两类：一类称为内部控件或标准控件；另一类称为 ActiveX 控件。启动 VB 后，工具箱中只有内部控件，用户可以将系统提供的其他标准控件装入工具箱。

（4）工程窗口。工程窗口，又称工程资源管理器窗口，用于管理一个应用程序所有属性及组成这个应用程序的所有文件。窗口下面有三个按钮，如图 1-3 所示。它们分别为：

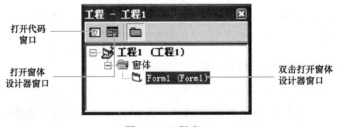

图 1-3　工程窗口

"查看代码"按钮：显示和编辑代码。

"查看对象"按钮：查看窗口上的模块对象。

"切换文件夹"按钮：可以使工程中的文件按类型分层次或不分层次显示。

在工程窗口中可以看到，标准 EXE 工程包含一个工程，工程中包含一个窗体。

（5）窗体设计器窗口。窗体设计器窗口是进行界面设计的窗口，双击工程窗口中的窗体名称即可打开该窗口，如图1-4所示。在创建窗体时，默认名为 Form1。对窗体设计器窗口可执行对标准窗口的一切操作，如移动、改变大小、最小化窗口等。

可以通过下面的方式在窗体中添加控件：

① 单击工具箱中的控件，在窗体设计器窗口中拖曳鼠标添加控件。

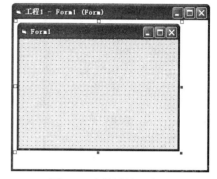

图 1-4　窗体设计器窗口

② 双击工具箱中的某个控件。

单击窗体中已有的控件可以选中该控件进行设置。若要选中多个空间，可以摁住拖动鼠标，或者按 Ctrl 或 Shift 键不放，单击选中多个控件。

通过菜单栏中"格式"菜单的"对齐"和"调整"菜单项，可以调整选中的控件对象的对齐、大小等。

（6）代码窗口。代码窗口是专门进行程序设计的窗口，可在其中显示和编辑程序代码，如图1-5所示。打开代码窗口的方法有：

① 在工程资源管理器窗口中单击"查看代码"按钮。

② 单击"视图"菜单中的"代码窗口"命令。

③ 在窗体设计器窗口中双击一个控件或窗体本身。

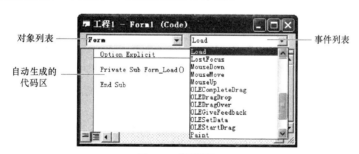

图 1-5　代码窗口

（7）属性窗口。属性窗口用于设定窗体和控件等对象的属性值，如对象名称、颜色、字体、大小、位置等，如图1-6所示。

不同类型的属性，属性值的设定不同。

① 数字型和文本型：直接输入。

② 颜色：选择颜色面板中的颜色或者直接输入颜色值。

③ 有限可数属性的设置：可以选择下拉箭头，在打开的列表中选择；或者双击属性取值，在各个取值之间切换。

④ 复合型：单击 按钮，打开对话框，在其中设置属性。

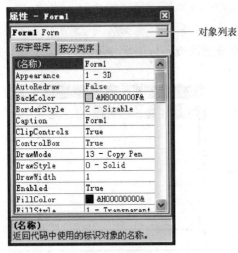

图 1-6 属性窗口

图 1-6 中的"对象列表"包含了窗体及其他所有对象的名称。若单击窗体设计器窗口的空白处,属性窗口会显示当前窗体的各种属性。若单击窗体中的某个控件,属性窗口中会显示选定控件的属性。

(8) 立即窗口、本地窗口与监视窗口。这三个窗口用于程序的调试,可通过"视图"菜单显示,如图 1-7 所示。

3. Visual Basic 6.0 的联机帮助功能

Visual Basic 6.0 是 Visual Studio 6.0 套装软件中的一员,它本身并不带有帮助。Microsoft 公司为 Visual Studio 6.0 提供了一套 MSDN(Microsoft Developer Network)Library 帮助系统。用户可利用菜单命令或 F1 键随时方便地得到所需的帮助信息。

图 1-7 "立即"窗口、"本地"窗口、"监视"窗口
(a)"立即"窗口;(b)"本地"窗口;(c)"监视"窗口

三、实验内容

【实验 1-1】练习 Visual Basic 的启动与退出。

(1) Visual Basic 的启动:

① 单击 Windows 桌面左下角的"开始"按钮,弹出"开始"菜单,将鼠标指向"程序"菜单项,在级联菜单中选择"Microsoft Visual Basic 6.0 中文版"菜单项,单击其下一级联菜单中的"Microsoft Visual Basic 6.0 中文版"命令,屏幕出现 Visual Basic 6.0 的启动界面,如图 1-8 所示。

② 单击选中"新建"选项卡内的"标准 EXE"选项,单击"打开"按钮,进入图 1-1 所示的 Visual Basic 6.0 应用程序集成开发环境,并创建了一个"标准 EXE"工程。

(2) Visual Basic 的退出:

① 单击图 1-2 所示窗口右上角的"关闭"按钮。

② 选择"文件"→"退出"命令。

注意:如果是新建工程,或修改了工程的内容,系统会询问用户是否保存文件或直接退出。

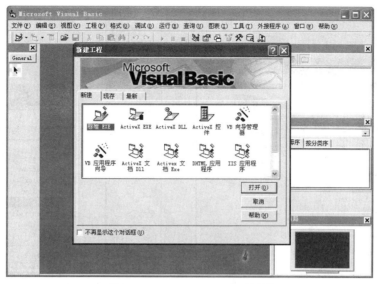

图 1-8 Visual Basic 6.0 启动界面

【实验 1-2】Visual Basic 6.0 程序的运行、保存和重新打开。

（1）启动 Visual Basic 6.0 程序，创建一个"标准 EXE"工程。

（2）单击工具栏中的"运行"按钮，运行程序。此时，Visual Basic 主窗口标题栏发生变化，由"设计"变为"运行"，然后单击工具栏中的"停止"按钮终止程序运行。

（3）在 D 盘下新建"练习"文件夹，将工程保存在该文件夹中。单击工具栏上的"保存"按钮，首先保存工程，工程文件扩展名为.vbp；然后保存窗体，窗体文件扩展名为.frm，如图 1-9 所示。

图 1-9 保存的文件

（4）退出 Visual Basic 集成开发环境。

（5）双击 D 盘下"练习"文件夹中的工程文件图标，进入 Visual Basic 集成开发环境。

【实验 1-3】用以下几种方法在工具箱内添加一个新的控件工具。

（1）单击"工程"菜单中的"部件"命令。

（2）在弹出的"部件"对话框中选择"控件"选项卡，如图 1-10 所示。

（3）在列表框中选择任意一个选项，单击"确定"按钮，这时工具箱中便出现了新的图标，如图 1-11 所示。

【实验 1-4】属性窗口的使用。

启动 Visual Basic 6.0 程序，新建一个"标准 EXE"工程，下面在属性窗口中设置窗体 Form1 的属性。

（1）修改 Caption 属性。

① 单击窗体设计器窗口，此时属性窗口中显示了当前窗体 Form1 的各种属性。

② 选中 Caption 属性，将 Form1 改为"窗体练习"，如图 1-12 所示，按 Enter 键，此时窗体的标题栏变为"窗体练习"。

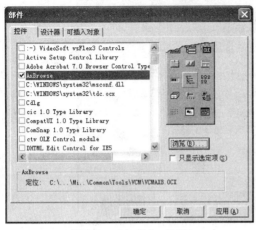  

图 1-10 "部件"对话框　　　图 1-11 工具箱　　图 1-12 修改 Caption 属性

（2）颜色类属性的设置：选择颜色面板中的颜色或者直接输入颜色值。

① 选择 BackColor 属性，单击右侧下拉箭头，在"调色板"中选择一个颜色，单击"确定"按钮，观察窗体背景颜色的变化。

② 此时可以看到一个颜色取值："&H000080FF&" BackColor &H000080FF&，也可以在属性栏中直接输入这个值设定相应的颜色。

（3）有限可数属性的设置：可以单击下拉箭头，在打开的列表中选择；或者双击属性取值，在各个取值之间切换。

选择 BorderStyle 属性，打开下拉列表，选择"1-Fixed Single" BorderStyle 1 - Fixed Single，观察窗体边框和标题栏的变化。

（4）字符串和数值类型属性的设置：直接输入字符串。

① 选择 Caption 属性，直接输入取值"窗体属性" Caption 窗体属性，观察窗体标题栏的变化。

② 选择 Height 属性，输入"500"，观察窗体高度的变化。

（5）有些属性设定时需要打开对话框，在里面进行选择和设定。

选择 Picture 属性 Picture (None)，单击 按钮，在打开的对话框里选择一张图片，观察窗体的变化。

（6）运行程序，观察运行结果与设计状态下是否一致，保存程序后退出。

【实验 1-5】窗体设计器窗口与控件操作。

练习使用工具箱在窗体中添加控件，设计出如图 1-13 所示的计算器界面。

操作步骤如下：

（1）新建"标准 EXE"工程，调整窗体大小为长方形。

（2）设置窗体 Form1 属性，如图 1-14 所示。

（3）在工具箱中单击"文本框"图标，在"窗体设计器"中拖动鼠标到合适位置，并将其 Text 属性设置为空。

（4）双击工具箱中的"命令按钮"图标，添加到"窗体设计器"中，其名称为

"Command1"。调整大小,并将其 Caption 属性设置为 "7",Font 属性设置为 "小四""粗体"。

(5) 复制命令按钮 "Command1",粘贴时在弹出的提示中单击 "否" 按钮,生成外观一致的命令按钮 "Command2",摆放到合适位置,将其 Caption 属性设置为 "8"。

(6) 重复上述步骤,完成其余按钮,最终结果如图 1-13 所示。

图 1-13 计算器界面

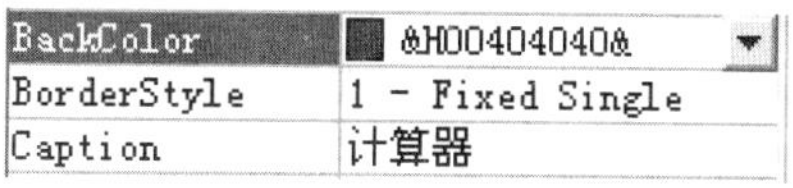

图 1-14 属性设置

注意:在这个过程中,如果要删除控件,则单击选定该控件后,按 Delete 键即可;可以利用 "格式" 菜单的 "对齐" 菜单项,调整控件位置。

【**实验 1-6**】练习使用代码窗口编写程序。

启动 Visual Basic 6.0 程序,新建一个 "标准 EXE" 工程,下面练习为对象设置 Click 事件,该事件定义了当用鼠标单击对象时所发生的事件。

(1) 进入代码窗口,选择 "Form" 对象、"Click" 事件,为 Form 窗体定义 Click 事件。此时在窗口中会自动出现图 1-15 中的代码。

注意:如果 "代码窗口" 有如下代码,将其删除。

```
Private Sub Form_Load( )
End Sub
```

(2) 在图 1-15 中的光标处输入 "Form1.",则 VB 程序会自动提示该对象所拥有的属性和方法,如图 1-16 所示。继续输入需要的属性或方法的首字母,会自动列出该字母开头的所有成员。

注意:如果输入错误的或不存在的对象名,则不会给出提示。

图 1-15 代码窗口

图 1-16 自动提示

(3) 输入如图 1-17 所示的代码,完成对窗体标题、背景颜色、大小的设定。

运行程序，单击窗体，观察并分析结果，保存工程。

（4）通过工具箱，在 Form 窗体上添加一个命令按钮，默认名称为 Command1。进入代码窗口，在对象下拉列表中选择 Command1 对象，在事件下拉列表中选择 Click 事件，下方自动出现该事件的代码段。

将图 1-16 中输入的代码拖至 Command1_Click 事件中，如图 1-18 所示。

（5）运行程序，单击新添加的按钮，观察并分析结果，保存工程。

图 1-17　窗体单击事件

图 1-18　按钮单击事件

【实验 1-7】工程和窗体的操作。

熟悉工程和窗体的添加、移除操作；熟悉多个工程状态下启动工程和启动窗体的设置。

（1）新建"标准 EXE"工程，默认包含"工程 1"和"Form1"。

（2）在工程窗口中单击选中工程 1 的"窗体"项，单击工具栏中的"添加窗体"按钮，即可实现在"工程 1"下添加一个新的窗体，默认名称 Form2，如图 1-19（a）所示。

（3）单击工具栏中的"添加工程"按钮，即可实现新建一个工程，默认名称为"工程 2"，带一个窗体 Form1。依照步骤（2）在"工程 2"下添加窗体"Form2"，如图 1-19（b）所示。

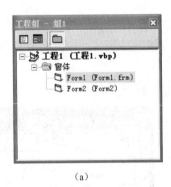

(a)

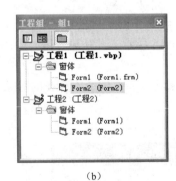

(b)

图 1-19　工程和窗体操作

(a) 添加新窗体；(b) 添加新工程

（4）将"工程 1"的 Form1 背景颜色设置为红色，将"工程 2"的 Form2 背景颜色设置为蓝色。

（5）运行程序，观察此时默认运行的是哪个工程的哪个窗体。

（6）右击"工程 2"，在弹出的右键快捷菜单中将其设置为"启动工程"；运行程序，观察此时默认运行的是哪个工程的哪个窗体。

（7）选择"工程 2"，在右键快捷菜单中将其"工程 2 属性"中的"启动对象"设置为 Form2；运行程序，观察此时默认运行的是哪个工程的哪个窗体。

（8）移除其他工程和窗体，只保留"工程 1"的 Form1，无须保存，退出程序。

【实验 1-8】使用 Visual Basic 的帮助系统。

（1）打开帮助。

启动 Visual Basic 后，选择"帮助"菜单中的"内容"命令，打开类似于 IE 浏览器的"MSDN Library Visual Studio 6.0"在线帮助窗口。

（2）利用"目录"选项卡浏览主题。

选择"目录"选项卡，在左侧主题窗口中依次单击"使用 Visual Basic"→"程序员指南"→"Visual Basic 基础"→"窗体、控件和菜单"→"用于显示和输入文本的控件"选项，最后选择"用 Label 显示文本"主题，此时右侧窗口中显示出相应的内容，如图 1-20 所示。

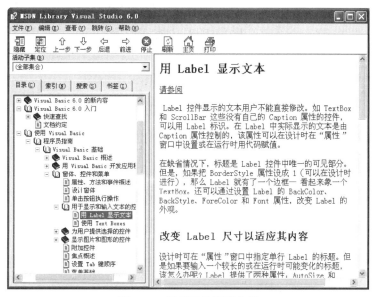

图 1-20　利用目录浏览主题

（3）利用"索引"选项卡查找信息。

选择"索引"选项卡，在"键入要查找的关键字"文本框中输入"循环"。此时，光标定位在索引项列表的"循环"选项上，单击"显示"按钮，在打开的相关主体窗口中选择"For…Next"语句，右侧窗口中即显示出相应内容，如图 1-21 所示。

（4）利用"搜索"选项卡查找信息。

选择"搜索"选项卡，在"输入要查找的单词"栏中输入一个单词，例如"窗体"，然后单击"列出主题"按钮，将在"选择主题"框中列出查找到的所有与"窗体"有关的主题，选择其中的某个主题，然后单击"显示"按钮。

（5）联机帮助的快捷键。

激活窗体设计窗口，按 F1 键，将显示该窗口的联机帮助信息。双击窗体，打开代码窗口，在代码窗口中输入一个关键字，把光标移到这个关键字上，然后按 F1 键，观察所显示的信息。

Visual Basic 程序设计上机指导与习题集

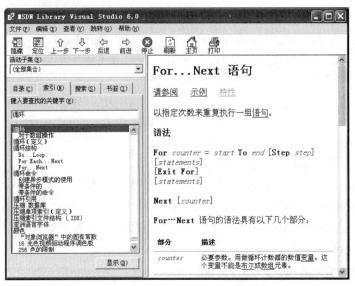

图 1-21 利用索引查找信息

实验 2　简单 Visual Basic 程序设计

一、实验目的

1. 理解 Visual Basic 中对象及其属性、事件、方法的概念。
2. 掌握 VB 窗体和常用控件的常用属性、事件和方法。
3. 掌握用 Visual Basic 开发应用程序的一般步骤。
4. 学会编写简单的应用程序。

二、知识链接

1. 对象

（1）对象的概念。

对象是具有特殊属性（数据）和行为方式（方法）的实体。一个对象建立以后，其操作通过与该对象有关的属性、事件和方法来描述。

（2）对象的属性。

属性是一个对象的特征，不同的对象有不同的属性。常见的属性有控件名称（Name）、标题（Caption）、颜色（Color）及是否可见（Visible）等。属性的设置方法有两种：

方法一：在属性窗口中直接设置。

方法二：在程序代码中通过赋值语句来实现，其格式为：

对象名.属性名=属性值

（3）对象的事件。

能够被对象识别的动作称为事件。每个对象都有一系列预先定义好的事件。事件过程的一般编写格式如下：

```
Sub 对象名_事件过程名[(参数列表)]
    程序代码
End Sub
```

（4）对象的方法。

在 VB 中将一些通用的过程和函数编写好并封装起来，作为方法供用户使用。对象方法的调用格式为：

[对象名.]方法 [参数名表]

如果省略了对象名，表示当前对象，一般指窗体。

2. 窗体

窗体（Form）是 VB 中的对象，是程序员的"工作台"，在其上可以直观地创建应用程序界面。

（1）窗体的属性。

窗体属性既可以通过属性窗口设置，也可以利用程序代码设置。只能在设计阶段设置的属性称为只读属性。在程序代码中设置窗体属性，一般格式为：

[对象.]属性=设置值

常用的窗体属性有：

① Name（名称）属性：Name 属性用于设置窗体的名称。Name 属性为只读属性。

② Caption（标题）属性：Caption 属性用于设置窗体显示的标题。

③ Font（字体）属性：Font 是属性组，用来设置窗体上正文的字体。可以在属性窗口中选择字体对话框来设置字体、字形、字号和效果等。

④ ForeColor（前景色）和 BackColor（背景色）属性：ForeColor 属性设置窗体显示文本的前景色，BackColor 属性设置窗体的背景色。

⑤ Visible（可视性）属性：Visible 属性用来设置窗体是否可见。如果该属性值设置为 True，运行时窗体可见；如果设置为 False，则运行时窗体隐藏。

⑥ BorderStyle 属性：窗体边框的样式。

⑦ Picture 属性：在窗体中显示的图片。

⑧ Height 属性和 Width 属性：窗体的高度和宽度。

⑨ Left 属性和 Top 属性：窗体在屏幕上的位置。

⑩ Enabled 属性：窗体是否可用。

（2）窗体的事件。

常用的窗体事件有 Click（单击）、DblClick（双击）、Load（装入）、Unload（卸载）、Activate（活动）等。

（3）窗体的方法。

窗体的方法多用于调用文本和图形，直接在窗体上输出。还有一些方法对窗体的行为产生影响。常见的窗体方法有 Print（输出）、Cls（清除）、Show（显示）、Hide（隐藏）等。

3. 标签对象

标签（Label）用于显示不需要用户修改的文本。工具箱中标签控件的图标为：。

（1）标签的常用属性。

标签的部分属性与窗体及其他控件的相同，除此之外，还有几个特有的属性。

① Caption 属性：该属性用来设定在标签上显示的文本内容，是标签的重要属性。它的值是任意的字符串。

② AutoSize 属性：该属性设定标签是否根据标签内容自动调整大小。

③ Alignment 属性：该属性用来设定标签中文本的对齐方式。

④ BackStyle 属性：该属性用来设定标签的背景样式（是否透明），为整数类型。

⑤ BorderStyle 属性：该属性用来设定标签的边框样式，为整数类型。

（2）标签的常用事件。

标签的事件很少使用，其主要事件有 Click 事件和 DblClick 事件。

（3）标签的常用方法。

标签的常用方法有 Move 和 Refresh。

4．文本框对象

文本框（TextBox）用于接收用户输入的信息，或显示系统提供的文本信息，是计算机和用户进行信息交互的控件。工具箱中文本框控件的图标为 |ab|。

（1）文本框的常用属性。

① Text 属性：Text 属性设置或取得文本框中显示的文本。这是文本框的重要属性。

② MaxLength 属性：MaxLength 属性设定文本框中能输入的正文的最大长度。

③ MultiLine 属性：MultiLine 属性设定文本框是否允许显示和输入多行文本。

④ PasswordChar 属性：PasswordChar 属性用来设置如何在文本框中显示输入的字符。

⑤ ScrollBars 属性：ScrollBars 属性用来设置在文本框中出现的滚动条，为整数类型。

（2）文本框的常用事件。

① Change 事件：当用户向文本框中输入新信息，或程序改变了文本框的 Text 属性时，会触发 Change 事件。

② KeyPress 事件：当用户在文本框内按任意有效键时，都会触发该事件。与 Change 事件不同，KeyPress 事件带有一个形参 KeyASCII，当调用该过程时，KeyASCII 返回按键的 ASCII 值。

③ GotFocus 事件：GotFocus 事件是当文本框得到焦点时触发的。

④ LostFocus 事件：当对象失去焦点时，发生 LostFocus 事件。

（3）文本框的常用方法。

SetFocus 是文本框最常用的方法，该方法可以把光标移动到指定的文本框中。

（4）跟剪贴板有关的常用方法。

在 Windows 系统中，剪贴板是常用的工具，Visual Basic 可以方便地操作剪贴板（ClipBoard）对象，配合文本框来实现文本的复制、剪切和粘贴。剪贴板（ClipBoard）对象的常用方法有如下几个：

① Clear 方法：清除剪贴板的内容。用法：ClipBoard.Clear。

② GetText 方法：返回剪贴板内存放的文本。

③ SetText 方法：将指定内容送入剪贴板。

5．命令按钮对象

命令按钮（Command Button）是图形化应用程序中最常见的控件，用户能够通过简单的单击按钮来执行所希望的操作。工具箱中命令按钮控件的图标为 。

（1）命令按钮的常用属性。

① Caption 属性：Caption 属性用来设定命令按钮的标题。

② Value 属性：Value 属性用于检查该按钮是否被按下。

③ Picture 属性：Picture 属性用于设定命令按钮上显示的图形。Picture 属性必须与 Style 属性联合使用才有效果，把 Style 属性设置为 1（图形格式），命令按钮上才会显示图形。

④ Style 属性：Style 属性设定命令按钮显示的风格。属性值有两种选择：0 表示按钮为标准按钮；1 表示按钮为图形按钮。

（2）命令按钮的常用事件。

命令按钮最重要的事件是 Click 事件，但是命令按钮无 DblClick 事件。

(3)命令按钮的常用方法。

命令按钮的常用方法有 Move 方法、SetFocus 方法,功能与其他控件类似。

设置焦点:焦点是接收用户鼠标或键盘输入的能力。当对象具有焦点时,可接收用户的输入。在 Microsoft Windows 界面,任一时刻可运行几个应用程序,但只有具有焦点的应用程序才有活动标题栏,才能接受用户输入。

6. 程序设计基本步骤

建立 Visual Basic 6.0 程序主要包括以下几个步骤。

(1)新建工程的两种方法:

① 启动 Visual Basic 6.0,在"新建工程"对话框中,选择"工程类型",然后单击"打开"按钮。

② 选择"文件"菜单"新建工程"命令。

(2)设计程序界面:主要在"窗体设计器"中将控件等添加到窗体中,并调整其布局。

(3)设置对象属性:对象属性可以在属性窗口中设置,也可以在代码窗口中编写代码实现。

① 在设计状态下,可以通过属性窗口直接设定属性取值。

② 在运行状态下,通过代码实现,格式如下:

```
对象名.属性名= 属性值
```

在代码窗口中设置属性,只有当该行代码执行时,该属性设置才起作用。

(4)编写程序代码。

编写程序代码主要在代码窗口中完成。编写代码要将代码书写在正确位置,通常是事件过程中。

事件过程的格式如下:

```
Private Sub 对象名_事件名([参数列表])
    …
End Sub
```

(5)运行程序。

运行程序可以按 F5 键或者单击工具栏中的"运行"按钮。

(6)保存程序。

将"标准 EXE"工程保存成.vbp 与.frm 两个文件。

(7)生成可执行文件。

在"文件"菜单中选择"工程 1.exe"命令。该文件以.exe 为扩展名,可以脱离 Visual Basic 集成开发环境得以运行。

三、实验内容

在 D 盘上建立一个名为"练习 2"的文件夹,用来保存生成的文件。

【实验 2-1】建立一个简单的应用程序,运行时窗体上显示"欢迎进入 Visual Basic 世界"。

(1)新建一个工程。

启动 Visual Basic 6.0,选择新建一个工程,进入 Visual Basic 的集成开发环境,屏幕上出现一个名为 Form1 的窗体。

（2）设置窗体属性。

在属性窗口中选中"名称"属性，将其属性值改为 myform；再选中 Caption 属性，在右边列中输入"窗体"，此时窗体的标题变为"窗体"，主窗口的标题栏为"工程 1-myform（From）"。

（3）添加标签控件。

单击"工具箱"中标有字母 A（标签）的工具按钮，这时鼠标指针会变为十字形，将十字形鼠标指针移动到窗体的合适位置，按下鼠标左键，然后拖动鼠标。

随着鼠标的移动，会在窗体上绘出一个矩形区域，当大小合适时，松开鼠标左键。此时，窗体上出现了一个标签控件，中间有文字 Label1。

选中标签控件，然后在属性窗口中将其 Caption 属性设为"欢迎进入 Visual Basic 世界"，如图 2-1 所示。

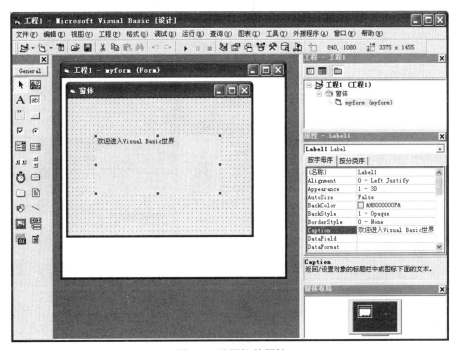

图 2-1 设置控件属性

（4）运行程序。

单击工具栏中的"启动"按钮，出现图 2-2 所示的界面。

（5）保存文件。

单击工具栏中的"结束"按钮，结束程序的运行。

单击"文件"菜单中的"保存工程"命令，由于是第一次保存文件，会弹出"另存为"对话框，提示保存窗体文件。将窗体文件保存在 D 盘的练习 2 文件夹下，并命名为 task1.frm。

（6）生成可执行文件。

图 2-2 程序运行结果

单击"文件"菜单中的"生成 task1.exe"命令，弹出"生成工程"对话框，此时可执行文件名已默认为 task1.exe。

（7）运行可执行文件。

双击 D 盘练习 2 文件夹下的 task1.exe 文件，运行程序。

【实验 2-2】修改已有的 VB 程序，将 task1 中所显示的文字设为红色、隶书、三号字。

（1）打开工程。

启动 Visual Basic 6.0，单击"文件"菜单中的"打开工程"命令，输入"task1.vbp"，打开已创建的 myform 窗体。

（2）修改控件属性。

选中 Label1 控件，在其属性窗口中，单击 Font（字体）属性右边的"…"按钮，弹出"字体"对话框，将字体设为隶书，字号设为三号，如图 2-3 所示；单击 ForeColor（前景颜色）属性右边的 按钮，在调色板中选择红色。

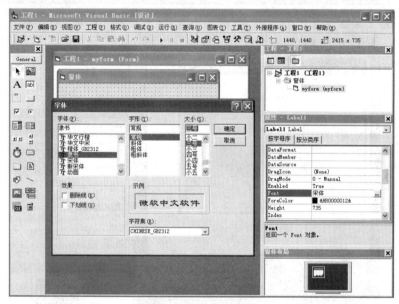

图 2-3　修改控件属性

（3）运行程序。

单击工具栏中的"启动"按钮。比较运行结果，查看与实验 2-1 有何不同。

（4）保存文件。

单击"文件"菜单中的"保存工程"命令，或单击工具栏中的"保存工程"按钮。

【实验 2-3】设计一个程序，窗体上有 2 个命令按钮和 4 个标签。单击"显示"按钮，则该按钮不可见，并在两个标签中分别显示出当前日期和时间；单击"清除"按钮，则取消显示并恢复"显示"按钮。

（1）界面设计。

在窗体上添加 2 个命令按钮和 4 个标签，调整它们的位置及大小，如图 2-4 所示。

（2）设置对象属性。

图 2-4　实验 2-3 的界面设计

在窗体中选择各个控件，在属性窗口中设置它们的属性。属性设置见表2-1。

表2-1 程序中对象属性设置

对象	名称（Name）	属性	属性值
标签	Label1	Caption	今天的日期
标签	Label2	Caption	今天的时间
标签	Label3	Caption	空
标签	Label4	Caption	空
命令按钮	Command1	Caption	显示
命令按钮	Command2	Caption	清除

（3）编写程序代码。

```
'Command1 按钮的事件代码如下：
Private Sub Command1_Click( )
  Command1.Visible=False
  Label3.Caption=Date$
  Label4.Caption=Time$
End Sub
'Command2 按钮的事件代码如下：
Private Sub Command2_Click( )
  Label3.Caption=""
  Label4.Caption=""
  Command1.Visible=True
End Sub
```

（4）运行结果。

分别单击窗体中的"显示"和"清除"按钮，运行结果如图2-5所示。

（a）　　　　　　　　　（b）

图2-5 实验2-3的运行结果

（a）显示当前日期和时间；（b）取消显示

（5）说明。

Date$：返回当前系统日期。Time$：返回当前系统时间。

【实验2-4】设计一个程序，练习窗体的常用事件。

（1）界面设计。

建立应用程序界面。

（2）编写程序代码。

```
Private Sub Form_Load( )           '窗体的加载事件
    Caption="装入窗体"
    BackColor=RGB(0,0,255)         '背景为蓝色
    FontSize=40
    FontName="隶书"
End Sub
Private Sub Form_Click( )          '窗体的单击事件
    Caption="鼠标单击"
    ForeColor=RGB(255,255,0)       '前景为黄色
    Print "欢迎使用VB"
End Sub
Private Sub Form_DblClick( )       '窗体的双击事件
    Caption="鼠标双击"
    ForeColor=RGB(255,0,0)         '前景为红色
    Print "谢谢使用VB"
End Sub
```

（3）运行程序。

单击工具栏中的"启动"按钮，运行结果如图2-6所示。

【实验2-5】利用命令按钮、文本框和标签判断口令是否正确。

（1）界面设计。

建立应用程序界面。在窗体上添加2个标签、1个文本框和2个命令按钮，注意调整各个控件的大小和位置。界面设计如图2-7所示。

图2-6　实验2-4的运行结果

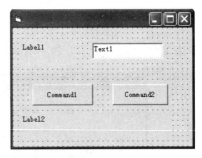

图2-7　实验2-5的界面设计

（2）设置对象属性。

在窗体中选择各个控件，在属性窗口中设置它们的属性。属性设置见表2-2。

表2-2　实验2-5程序中对象属性设置

对象	名称（Name）	属性	属性值
窗体	Form1	Caption	欢迎光临
标签	Label1	Caption	请输入口令
标签	Label2	Caption	空白

续表

对象	名称（Name）	属性	属性值
文本框	Text1	Text	空白
		MaxLength	16
		PasswordChar	*
命令按钮	Command1	Caption	确定
命令按钮	Command2	Caption	取消

（3）编写程序代码。

```
Private Sub Command1_Click( )
   If Text1.Text="everyone" Then
     Label2.Caption="大家好,欢迎使用本系统！"
   Else
     Label2.Caption="口令错误!请重新输入口令！"
   End If
End Sub
Private Sub Command2_Click( )
   End
End Sub
```

（4）运行程序。

运行程序，若在文本框中输入正确的口令，单击"确定"按钮后，会在标签中显示"大家好，欢迎使用本系统!"；若在文本框中输入错误的口令，则在标签中显示"口令错误！请重新输入口令!"。运行结果如图2-8所示。

图 2-8 实验 2-5 的运行结果
(a) 输入正确的口令；(b) 输入错误的口令

【实验2-6】分别编写计算圆、正方形、矩形面积和周长的程序。要求：输入圆、正方形和矩形的相关参数，在输入的同时计算出对应的面积和周长，将结果显示在标签中。

（1）界面设计。

建立应用程序界面。在窗体上分别添加16个标签、4个文本框，注意调整各个控件的大小、样式和位置。界面设计如图2-9所示。

（2）设置对象属性。

窗体中各控件的属性设置见表2-3。

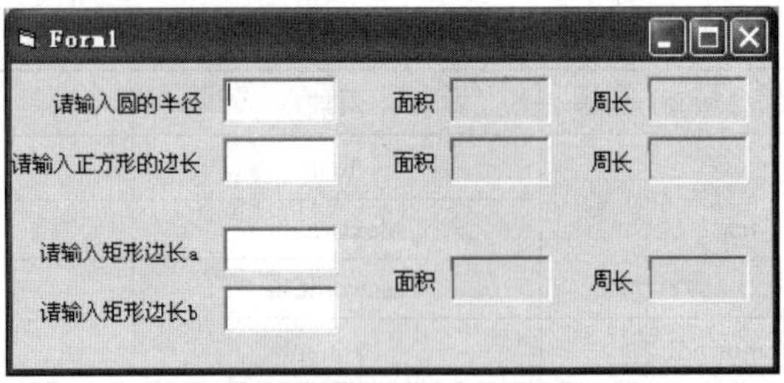

图 2-9 实验 2-6 的界面设计

表 2-3 实验 2-6 程序中对象属性设置

对象	名称（Name）	属性	属性值
标签	Label1~Label16	Caption	参见图 2-9 所示内容
文本框	Text1~Text4	Text	空白

（3）编写程序代码。

```
Private Sub Text1_Change( )
    Dim r As Single
    r=Val(Text1.Text)
    Label3.Caption=3.14*r^2
    Label5.Caption=3.14*2*r
End Sub
Private Sub Text2_Change( )
    Dim a As Single
    a=Val(Text2.Text)
    Label8.Caption=a^2
    Label10.Caption=4*a
End Sub
Private Sub Text3_change( )
    Dim X As Single,Y As Single
    x=Val(Text3.Text)
    y=Val(Text4.Text)
    Label14.Caption=x*y
    Label16.Caption=2*(x+y)
End Sub
Private Sub Text4_Change( )
    Dim x As Single,y As Single
    x=Val(Text3.Text)
    y=Val(Text4.Text)
    Label14.Caption=X*Y
    Label16.Caption=2*(x+y)
End Sub
```

（4）运行程序。

运行结果如图 2-10 所示。

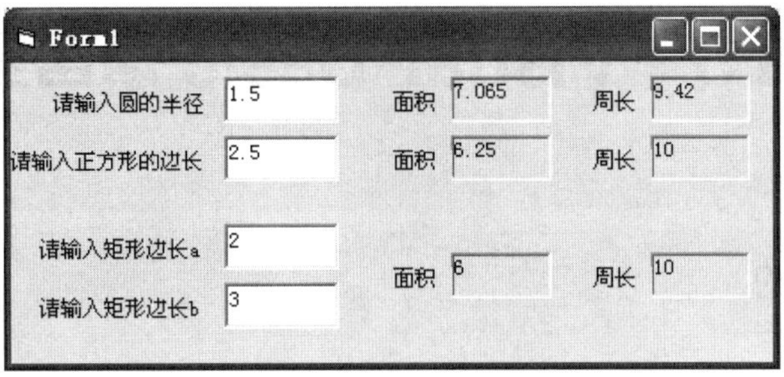

图 2-10 实验 2-6 的运行结果

（5）说明。

Dim…As…语句为声明变量类型。Val( )函数的作用是把一个数字字符串转换为相应的数值。

实验 3 Visual Basic 语言基础

一、实验目的

1. 掌握 VB 中的基本数据类型。
2. 掌握变量的命名规则及声明方法。
3. 掌握常量的分类和符号常量的定义方法。
4. 掌握 VB 中常用内部函数的使用。
5. 学会正确使用 VB 的运算符和表达式。

二、相关知识

1. 基本数据类型

VB 的数据分为标准数据类型和自定义类型。标准数据类型主要有字符类型和数值类型，此外，还提供了字节、货币、对象、日期、布尔和变体数据类型，见表 3-1。

表 3-1 Visual Basic 中的基本数据类型

数据类型	关键字	说明符
整型	Integer	%
长整型	Long	&
单精度实型	Single	!
双精度实型	Double	#
货币类型	Currency	@
字符串类型	String	$
布尔型	Boolean	
日期型	Date	
对象类型	Object	
变体类型	Variant	

2. 常量

常量分为直接常量、VB 系统提供的常量、用户自定义常量（即符号常量）。
（1）直接常量。
① 整数可分为 Integer 类型和 Long 类型。
② 实数可分为 Single 类型和 Double 类型。

③ 字符串要用英文状态下的双撇号括起来。
④ 日期类型数据用"#"号括起，可包含年、月、日、时、分、秒。
（2）系统常量。
"系统常量"由系统定义，用一个符号代表常量。
查看系统常量，可以在"视图"菜单选择"对象浏览器"，如图 3-1 所示。

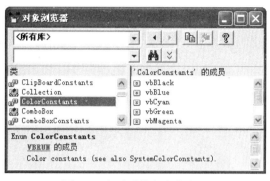

图 3-1 查看系统定义的常量

（3）符号常量。
频繁使用或修改的常量，常常被定义为符号常量，格式为：

Const 符号常量名[As 数据类型] = 常量

3. 变量

（1）变量的命名规则。

变量名只能由字母、数字和下划线组成，第一个字符必须是英文字母；变量名的字符数最多为 255 个；不能用 VB 的保留字作为变量名；变量名在同一范围内必须是唯一的；不区分变量名的大小写。

（2）变量的定义。

[Dim|Private|Static|Public <变量名> As <类型>][,<变量名 2>[As <类型>]]…

说明：把类型说明符放在变量的尾部，可以表示不同的变量类型。其中，%表示整型，&表示长整型，!表示单精度型，#表示双精度型，@表示货币型，$表示字符串型。

（3）强制定义变量。

强制定义变量意味着未定义的变量不可以使用。

强制定义变量的方法是：在"通用|声明"部分添加语句 Option Explicit，如图 3-2 所示。

（4）全局变量。

使用 Dim 关键字在窗体的"通用|声明"部分定义变量时，变量在当前窗体的代码中都有效，如图 3-2 所示。

（5）静态变量。

使用 Static 关键字在过程内部定义变量，可以使变量保留上次执行过程时的值。

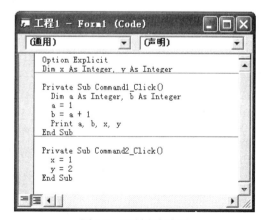

图 3-2 强制定义变量

4. 运算符与表达式

（1）运算符及优先级。

算术运算符：^（乘方）→−（取负）→*（乘）、/（符点除）→\（整除）→Mod（取模）→+（加）、−（减）。

字符运算符：+、&。

关系运算符：=、>、<、>=、<=、<>或><、Like、Is。

逻辑运算符：Not（非）→And（与）→Or（或）→Xor（异或）→Eqv（等价）→Imp（蕴含）。

（2）表达式的运算规则。

一般运算顺序为：函数运算→算术运算和字符运算→关系运算→逻辑运算。

所有同一级运算都是从左到右进行的；括号内的运算优先执行，嵌在最内层括号里的运算首先进行，然后由内向外依次执行。

5. 常用内部函数

VB 提供了大量的内部函数，这些函数可分为转换函数、数学函数、字符串函数、时间和日期函数、随机函数。内部函数的执行比较简单，即给出指定的自变量的值，函数将返回相应的值。

常用的函数见表 3-2。

表 3-2　常用的函数

函数名	功能说明
Fix(x)	取整，截去小数部分
Int(x)	求不大于 x 的最大整数
Abs(x)	求绝对值
Sgn(x)	求数字符号
Sqr(x)	求平方根
Exp(x)	求指数函数，即 e^x
Log(x)	求自然对数
Sin(x)	求正弦
Cos(x)	求余弦
Tan(x)	求正切
Atn(x)	求余切
Trim(字符串)	删除两端空格
LTrim(字符串)	删除左端空格
RTrim(字符串)	删除右端空格
Left(字符串,n)	从左端截取 n 个字符
Mid(字符串,n,m)	从第 n 个字符开始，截取 m 个字符
Right(字符串,n)	从右端截取 n 个字符
Len(字符串)	求字符串的长度

续表

函数名	功能说明
Space(n)	产生 n 个空格
InStr([查找开始位置,]字符串 1, 字符串 2 [,n])	在"字符串 1"中查找"字符串 2",如找到,则返回"字符串 2"在"字符串 1"中第 1 次出现时的位置
UCase(字符串)	将小写字母转换成大写
LCase(字符串)	将大写字母转换成小写
Val(字符串)	把字符串转换为数值
Str(数值)	把数值转换为字符串
Asc(字符串)	得到字符串首字符的 ASCII 码
Chr(数值)	得到以数值为 ASCII 码的字符
CInt(数值表达式)	转换为 Integer 类型
CCur(数值表达式)	转换为 Currency 类型
CDbl(数值表达式)	转换为 Double 类型
CLng(数值表达式)	转换为 Long 类型
CSng(数值表达式)	转换为 Single 类型
CVar(数值表达式)	转换为 Variant 类型
CStr(表达式)	转换为 String 类型
CDate(表达式)	转换为 Date 类型
Now 或 Now( )	求当前日期和时间
Date 或 Date( )	求当前日期
Time 或 Time( )	求当前时间
Year(日期)	求当前年份
Month(日期)	求当前月份
Day(日期)	求当前日期
Weekday(日期)	求星期几
Hour(时间)	求当前的小时
Minute(时间)	求当前的分
Second(时间)	求当前的秒

三、实验内容

【实验 3-1】 变量定义和赋值语句。

设计如图 3-3 所示程序运行界面,实现输入两个数字后,单击"<==>"按钮后,交换两个文本框中的数字。

操作步骤如下:
(1)创建一个"标准 EXE"工程。
(2)添加 CommandButton 控件和 TextBox 控件,设计界面如图 3-3 所示。

 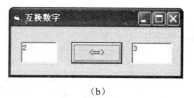

　　　　(a)　　　　　　　　　　　　(b)

图 3-3　运行界面

（3）编写代码如图 3-4 所示。

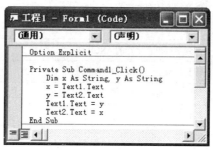

图 3-4　数字交换代码

（4）运行程序，观察结果。

思考：还可以使用其他方法吗？

【**实验 3-2**】静态变量和全局变量。

（1）新建工程，在代码窗口中分别输入以下三段代码，当程序运行时，在窗体上反复单击，分别会发生什么情况？为什么？

```
Private Sub Form_Click( )
  Dim n As Integer
  n=n+1
  Print n
End Sub
```

```
Private Sub Form_Click( )
  Static n As Integer
  n=n+1
  Print n
End Sub
Dim n As Integer
```

```
Private Sub Form_Click( )
  n=n+1
  Print n
End Sub
```

（2）实现投票程序。

程序运行界面如图 3-5 所示。程序运行时，为两个候选人投票。候选人票数显示在两个标签上，初始状态票数均为 0。单击"投票"按钮，可以分别为两个候选人投票，其新增加的票数显示在相应人名下。

（a）

（b）

图 3-5 投票程序

（a）初始界面；（b）投票后的界面

操作步骤：

① 新建工程，设计界面如图 3-5（a）所示。

② 在代码窗口中输入代码，如图 3-6 所示。

③ 运行程序，查看结果是否正确，分析结果产生的原因。

④ 将 x 与 y 分别使用 Static 静态变量，查看结果并分析。

⑤ 将 x 与 y 分别用 Dim 在"通用|声明"中定义成全局变量，查看结果并分析。

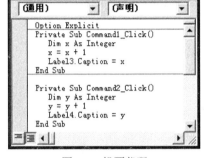

图 3-6 投票代码

【实验 3-3】表达式。

利用变量的定义，测试如下表达式的值，将其结果利用 Print( )方法输出在窗体上。

（1）假设有整型变量 a=2，b=5，c=4，d=3，e=6，编写程序，计算表达式 a+b>c And d*a=e 的值，将结果打印在窗体上。

思考：这个复合表达式按什么样的顺序运算？

（2）设 x=2732.87，y=-658.236，z=3.14159*30/180，编写程序，定义合适的变量，计算如下表达式的值，并在窗体上输出结果。

① Int(x)；② Fix(x)；③ Abs(y)；④ Sin(z)。

（3）计算下列表达式的值，并编写程序进行验证，在窗体上输出结果。

① Int(-14.5) + Fix(-14.5) + Sgn(-14.5)；② Chr(Asc("+"))。

（4）假设 x, y, z 均为布尔型变量，其值分别为：x=True，y=True，z=False，编写程序，定义合适的变量，计算如下表达式的值，并在窗体上输出结果。

① x Or y And z；② Not x And Not y；③ (Not y Or x) And (y Or z)。

【实验 3-4】字符串处理。

电话号码的升级。

（1）创建一个"标准 EXE"工程。

（2）设计界面如图 3-7 所示。

（3）编写代码，使程序运行后输入区号、电话号和待升级

图 3-7 电话号码省级界面

的数字后，单击"升级"按钮，则生成完整号码，显示在标签表面；并显示原来的号码位数和升级后的号码位数，如图 3-7 所示。

要求：

① 强制定义变量，在"通用|声明"中添加 Option Explicit 语句。

② 定义变量 district 保存区号；定义变量 number 保存电话号；定义变量 newNumber 保存新增位；定义变量 phone 保存升级后的电话号。

③ 利用 Trim( )函数去空格，然后再使用 Len( )函数求字符串长度。

【实验 3-5】常用函数。

编写程序，运行界面如图 3-8 所示。使得单击一次按钮可以产生一个[30,60]之间的随机数并显示在文本框 1 上，再求出该数的正弦值，将结果写在文本框 2 上。

【提示】

① 使用 Rnd 函数产生随机数。注意，为了防止两次运行程序的随机数序列相同，调用 Rnd 之前先用 Randomize 语句进行初始化。

图 3-8 运行界面

② 产生某闭区间内的随机数的公式为：(上限–下限+1)*Rnd+下限。

③ 求正弦值函数为：sin( )。

④ 用 Format 函数保留小数点后两位。

【实验 3-6】编写程序，将一个 4 位整数反序，并将结果显示在窗体上。

（1）分析。

该程序的算法一般可有如下两种：

算法一：利用 Mod 和 "\" 运算依次分离出该 4 位整数的千位、百位、十位和个位数字给 4 个变量，再重新将这 4 个变量组合成反序的 4 位数即可。

算法二：将这个 4 位数转换为字符串来处理。利用 Left( )、Right( )和 Mid( )函数取它的各位字符，最后将取出的字符用字符连接符"&"重新组合成反序字符串。

（2）界面设计。

建立应用程序界面，在窗体上添加 1 个标签和 1 个文本框，文本框用于输入一个 4 位整数，反序后的数值利用 Print 方法直接显示在窗体上。注意，标签和文本框的位置要稍微偏下，留出窗体显示的位置。另外，设计两个按钮，分别采用"算法一"和"算法二"来解决反序的问题。界面设计如图 3-9 所示。

图 3-9 实验 3-6 界面设计

（3）设置对象属性。

对象属性设置见表 3-3。

表 3-3 实验 3-6 程序中的对象属性设置

对象	名称（Name）	属性	属性值
标签	Label1	Caption	输入一个四位数：
文本框	Text1	Caption	空白
命令按钮	Command1	Caption	反序 1
命令按钮	Command2	Caption	反序 2

(4) 编写程序代码。

```
Private sub Command1_Click( )
    Dim m As Integer,n As Integer
    Dim a As Integer,b As Integer,c As Integer,d As Integer
    m=Val(Text1.text)
    a=m\1000                        '取千位数
    b=(m-a*1000)\100                '取百位数
    c=(m-a*1000-b*100)\10           '取十位数
    d=m Mod 10                      '取个位数
    Print  d*1000+c*100+b*10+a      '反序输出
End Sub
Private Sub Command2_Click( )
    Dim n As String
    Dim a As String,b As String,c As String,d As String
    n=Trim(Text1)
    a=Left(n,1)                     '取千位数
    b=Mid(n,2,1)                    '取百位数
    C=Mid(n,3,1)                    '取十位数
    d=Right(n,1)                    '取个位数
    Print  d & c & b & a            '反序输出
End Sub
```

(5) 运行程序。

结果如图 3-10 所示。

图 3-10 实验 3-6 的运行结果

实验 4 顺序结构程序设计

一、实验目的

1. 熟悉常用的输入和输出方法。
2. 掌握 InputBox( )函数和 MsgBox( )函数的用法。
3. 掌握赋值语句的使用方法。

二、相关知识

VB 中的基本语句如下。
(1) 赋值语句格式。
赋值语句将数据的值保存在一个变量或对象的属性中,格式为:
变量名 = 表达式
(2) 注释语句格式。
Rem 注释内容
'注释内容
(3) 暂停语句格式。
Stop
(4) 结束语句格式。
End
(5) Print 语句格式。
[<对象名称>.]Print [<表达式表>][,|;]
(6) 输入函数 InputBox( )格式。
<变量名>=InputBox(<提示内容>[,<对话框标题>] [,<默认内容>] [,横坐标,纵坐标] [,帮助文件,帮助主题号])
(7) 输出函数 MsgBox( )和 MsgBox 语句。
MsgBox( )函数格式:
<变量名>=MsgBox(<消息内容> [,<对话框类型>] [,<对话框标题>] [,帮助文件,帮助主题号])
MsgBox 语句格式:
MsgBox <消息内容> [,<对话框类型>] [,<对话框标题>] [,帮助文件,帮助主题号]

三、实验内容

【实验 4-1】数据输入/输出函数。
(1) 在窗体上添加两个文本框和一个命令按钮。

（2）编写如下事件过程：

```
Private Sub Command1_Click( )
  Dim num1 As Integer, num2 As Integer
  num1=InputBox("请输入一个字符串")
  num2=InputBox("请输入一个字符串")
  Text1.Text=num1 + num2
End Sub
```

（3）运行程序，单击命令按钮，分别在输入对话框中输入两个字符串，查看结果。

（4）修改程序，使字符串连接结果利用 MsgBox 显示在对话框中，如图 4-1 所示。

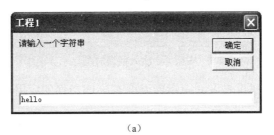

(a)

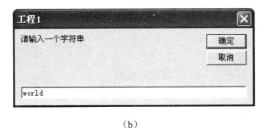 

(b)　　　　　　　　　　　　　(c)

图 4-1　输入/输出函数

(a) 输入第一个字符；(b) 输入第二个字符；(c) 字符串连接结果

【实验 4-2】编写计算圆面积和球体积的程序，界面如图 4-2 所示。要求输出结果只保留四位小数；如果半径的输入不合法，例如含有非数值字符，应该用 MsgBox 报告输入错误，并在错误信息得到用户确认（单击 MsgBox 对话框上的"确定"按钮）之后，将输入焦点转移到输入半径的文本框中，且将当前的非法输入自动选定，反白（高亮）显示，界面如图 4-3 所示。

【提示】

① 判断输入值是否为数值类型可用函数 IsNumeric( )。

② VB 大部分数据类型之间在适当的时候会自动相互转换，此谓隐式转换。例如，文本框的 Text 属性为字符串类型，当用 Text 属性值直接参加算术运算时，Text 属性值先会自动转换为数值类型，然后再参加算术运算。但是当 Text 属性值含有非数字字符时，运行时会产生"类型不匹配"的错误，因此有些情况下采用显示转换更为安全妥当。

图 4-2　实验 4-2 的程序运行界面

当字符串类型向数值类型转换时，用函数 Val( )；而当数值类型向字符串类型转换时，可以用 Str( )函数或格式化函数 Format( )。

图 4-3　实验 4-2 输入错误时的显示界面

【实验 4-3】编写一个华氏温度 F 与摄氏温度 C 之间转换的应用程序，界面如图 4-4 所示。其中 F 与 C 之间的关系为：$F=\dfrac{9}{5}C+32$。

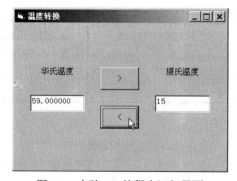

图 4-4　实验 4-3 的程序运行界面

实验 5 选择结构程序设计

一、实验目的

1. 掌握选择结构的流程。
2. 掌握单分支结构和多分支结构的用法。
3. 掌握 Select…Case 语句的用法。
4. 掌握 If 语句与 Select 语句的区别。
5. 掌握条件函数的使用。
6. 掌握选择结构的嵌套。

二、相关知识

1. 单分支结构：If…Then 语句

格式一：

```
If <表达式> Then
    <语句块>
End If
```

格式二：

```
If <表达式> Then <语句>
```

2. 双分支结构：If…Then…Else 语句

格式一：

```
If <表达式> Then
    <语句块 1>
Else
    <语句块 2>
End If
```

格式二：

```
If <表达式> Then <语句 1> Else <语句 2>
```

3. 多分支结构：If…Then…Elseif 语句

格式：

```
If <表达式 1> Then
    <语句块 1>
ElseIf <表达式 2> Then
```

```
    <语句块 2>
[ElseIf <表达式 3> Then
    <语句块 3>]
    …
[Else
    <语句块 n>]
End If
```

说明:

① 执行顺序是:当"表达式 1"为 True 时,执行"语句块 1",否则测试"表达式 2",若为 True,执行"语句块 2",依此类推。

② ElseIf 语句没有数量限制。

③ 当有多个表达式为 True 时,只执行第一个为 True 的表达式后面的语句块。

4. Select Case 语句

格式:

```
Select Case 变量或表达式
  Case 值列表 1
    <语句块 1>
  [Case 值列表 2
    <语句块 2>]
    …
  [Case 值列表 n
    <语句块 n>]
  [Case Else
    <语句块 n+1>]
End Select
```

5. IIf 函数

格式:

```
IIf(条件,表达式 1,表达式 2)
```

该函数的执行结果与如下语句的相同:

```
If 条件 Then
    表达式 1
Else
    表达式 2
End If
```

6. Choose 函数

格式:

```
Choose(<数值表达式>,<表达式 1>,<表达式 2>,….<表达式 n>)
```

7. 选择语句的嵌套

（1）If 语句的嵌套是指 If 或 Else 后面的语句块中又完整地包含一个或多个 If 结构。

格式：

```
If <表达式1> Then
  If <表达式11> Then
    …
  End If
  …
End If
```

（2）在 If 语句的 Then 分支和 Else 分支中可以完整地嵌套另一 If 语句或 Select Case 语句，同样，Select Case 语句每一个 Case 分支中都可嵌套另一 If 语句或另一 Select Case 语句。

```
If <条件1> Then
  …
  Select Case …
    Case …
      IF <条件1> Then
        …
      Else
        …
      End If
      …
    Case…
      …
  End Select
  …
End If
```

说明：

① 只要在一个分支内嵌套，不出现交叉，满足结构规则，其嵌套的形式将有很多种，嵌套层次也可以任意多。

② 多层 IF 嵌套结构中，要特别注意 IF 与 Else 的配对关系，一个 Else 必须与 IF 配对。配对的原则是：在写含有多层嵌套的程序时，建议使用缩进对齐方式，这样容易阅读和维护。

三、实验内容

【**实验 5-1**】任意输入一个整数，判断该整数是否为 3 的倍数。要求用 If…End If 结构实现。

（1）界面设计：在窗体中添加 2 个标签 Label 和 Label2、1 个文本框 Text1 和 3 个命令按钮。调整它们的位置及大小，如图 5-1 所示。

（2）按表 5-1 所示设置对象属性。

图 5-1 实验 5-1 的界面设计

表 5-1　实验 5-1 程序中对象属性设置

对象	名称（Name）	属性	属性值
窗体	Form1	Caption	判定 3 的倍数
标签	Label1	Caption	请输入一个整数
标签	Label2	Caption	空白
文本框	Text1	Text	空白
命令按钮	Command1	Caption	判断
命令按钮	Command2	Caption	清空
命令按钮	Command3	Caption	退出

（3）编写程序代码。

```
Private Sub Command1_Click( )
  Dim x As Integer
  x=Val(Text1.Text)
  Label2.FontName="黑体"
  Label2.FontSize=16
  If x Mod 3=0 Then
    Label2.ForeColor=vbRed
    Label2.Caption="3 的倍数"
  Else
    Label2.ForeColor=vbBlue
    Label2.Caption="非 3 倍数"
  End If
End Sub
Private Sub Command2_Click( )
  Text1.Text=""
  Label2.Caption=""
  Text1.SetFocus
End Sub
Private Sub Command3_Click( )
  End
End Sub
```

（4）运行程序，结果如图 5-2 所示。

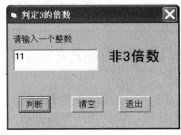

图 5-2　实验 5-1 的运行结果

【**实验 5-2**】已知 x、y、z 三个变量中存放了三个不同的整数，比较它们的大小并进行调整，使得 x＜y＜z。编程实现上述功能。

（1）界面设计：在窗体设计器中添加 2 个标签 Label1 和 Label2，6 个文本框 Text1、Text2、Text3、Text4、Text5、Text6，1 个命令按钮。调整它们的位置及大小，如图 5-3 所示。

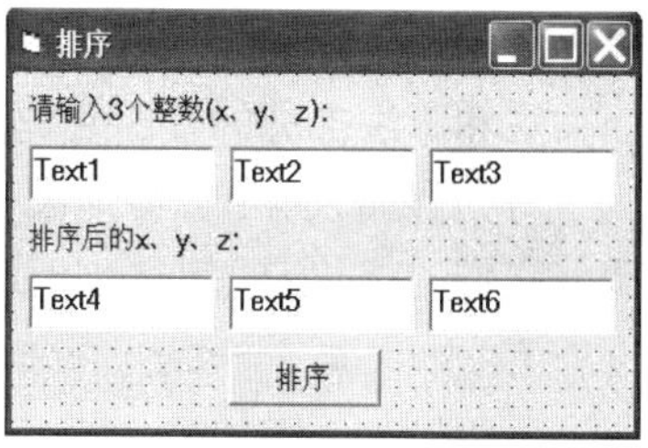

（2）按表 5-2 所示设置对象属性。

图 5-3　实验 5-2 的界面设计

表 5-2　实验 5-2 程序中对象属性设置

对象	名称（Name）	属性	属性值
窗体	Form1	Caption	排序
标签	Label1	Caption	请输入3个整数(x、y、z):
标签	Label2	Caption	排序后的 x、y、z:
文本框	Text1～Text6	Text	Text1～Text6
命令按钮	Command1	Caption	排序

（3）编写程序代码。

```
Private Sub Command1_Click( )
Dim x%,y%,z%
x=Val(Text1.Text)
y=Val(Text2.Text)
z=Val(Text3.Text)
If x>y Then
    t=x:x=y:y=t              'x 与 y 交换
  End If                     '使得 x<y
  If y>z Then
    t=y:y=z:z=t              'y 与 z 交换使得 y<z
    If x>y Then               '此时的 x、y 已不是原 x、y 的值
      t=y:y=x:x=t
    End If
  End If
Text4.Text=Str(x)
Text5.Text=Str(y)
Text6.Text=Str(z)
End Sub
Private Sub Form_Load( )
  Text1.Text="":Text2.Text="":Text3.Text=""
  Text4.Text="":Text5.Text="":Text6.Text=""
End Sub
```

（4）运行程序，结果如图 5-4 所示。

【**实验 5-3**】编写一个小学生四则运算的程序。程序已经给出了加法和减法部分，需要添加乘法和除法部分的程序代码。

（1）界面设计：在窗体设计器中添加 1 个标签、1 个文本框、1 个图片框和 2 个命令按钮。调整它们的位置及大小，如图 5-5 所示。

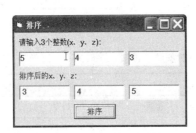

图 5-4 实验 5-2 的运行结果

图 5-5 实验 5-3 的界面设计

（2）按表 5-3 所示设置对象属性。

表 5-3 实验 5-3 程序中对象属性设置

对象	名称（Name）	属性	属性值
窗体	Form1	Caption	四则运算
标签	lblExp	Caption	空白
文本框	txtInput	Text	空白
图片框	Picture1	/	/
命令按钮	cmdOk	Caption	确定
命令按钮	cmdMark	Caption	计分

（3）编写程序代码。

```
'下列变量定义在"通用声明"区
Dim num1 As Integer,num2 As Integer      '存放两个操作数
Dim SExp As String,Result As Integer
Dim NOk As Integer,NError As Integer     '统计计算正确与错误数
Private Sub cmdMark_Click( )
  Picture1.Print "_____"
  Picture1.Print "一共计算" & (NOk+NError) & "道题"
  Picture1.Print "得分" & Int(NOk/(NOk+NError)*100);
End Sub
Private Sub cmdOk_Click( )
  If Val(txtInput.text)=Result Then
    Picture1.Print SExp;txtInput;"★"
    NOk=NOk+1
  Else
    Picture1.Print SExp;txtInput;"×"
```

```
      NError=NError+1
    End If
  txtInput=""
  txtInput.SetFocus
  Form_Load
End Sub
Private Sub Form_Load( )
  Dim tempNum As Integer
  Dim Nop As Integer,Op As String*1          '用于存放运算符
  txtInput.FontSize=18
  num1=Int(40*Rnd+1)
  num2=Int(30*Rnd+1)
  If num1<num2 Then tempNum=num1:num1=num2:num2=tempNum
  '******************************
    Nop=Int(4*Rnd+1)           '将产生的随机数1~4转换成运算符+、-、×、÷,并进行四则运算
    Select Case Nop
      Case 1
        Op="+"
        Result=num1+num2
      Case 2
        Op="-"
        Result=num1-num2
    End Select
  '******************************
  SExp=num1 & Op & num2 & "="
  lblExp.FontSize=18
  lblExp=Sexp                  '在窗体的lblExp标签内显示运算表达式
End Sub
```

（4）运行程序，结果如图5-6所示。

（5）问题：

① 程序的3个过程分别实现什么功能？

② 如何修改程序中两行"*"号之间的代码，以实现加、减、乘、除运算？

③ 如何避免除数为零的问题？

④ 运行上述程序，结束后再运行该程序，观察随机函数Rnd( )有何发现？

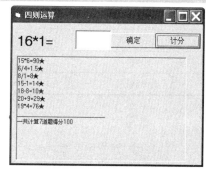

图5-6 实验5-3的运行结果

【实验5-4】编写程序，计算某个学生奖学金的等级，以三门功课成绩score1、score2、score3为评奖依据。奖学金评奖标准见表5-4，符合条件者就高不就低，只能获得高的那一项奖学金。要求显示获奖的等级。要求：使用If…Then…ElseIf语句（多分支结构）编写。

表 5-4 奖学金评选条件

奖学金等级	评奖条件
一等奖	平均成绩≥90 分
二等奖	85≤平均成绩<90
三等奖	80≤平均成绩<85
没有奖学金	平均成绩<80，或者三门成绩中有一门在 80 分以下

（1）界面设计：在窗体设计器中添加 5 个标签、3 个文本框、1 个命令按钮。调整它们的位置及大小，如图 5-7 所示。

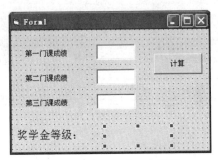

图 5-7 实验 5-4 的界面设计

（2）按表 5-5 所示设置对象属性。

表 5-5 实验 5-4 程序中对象属性设置

对象	名称（Name）	属性	属性值
标签	Label1	Caption	第一门课成绩
标签	Label2	Caption	第二门课成绩
标签	Label3	Caption	第三门课成绩
标签	Label4	Caption	奖学金等级
标签	Label5	Caption	空
文本框	Text1	Text	空
文本框	Text2	Text	空
文本框	Text3	Text	空
命令按钮	Command1	Caption	计算

（3）编写程序代码。

```
Private Sub Command1_Click( )
  Dim score1 As Single,score2 As Single,score3 As Single,score_avg As Single
  score1=Val(Text1.Text)
  score2=Val(Text2.Text)
  score3=Val(Text3.Text)
  score_avg=(score1+score2+score3)/3    '计算平均分
  If score_avg<80 Or score1<80 Or score2<80 Or score3<80 Then
```

```
        Label5.Caption="没有奖学金"
    ElseIf score_avg>=90 Then
        Label5.Caption="一等奖学金"
    ElseIf score_avg>=85 Then
        Label5.Caption="二等奖学金"
    Else
        Label5.Caption="三等奖学金"
    End If
End Sub
```

思考：

① If 语句后面的条件表达式可以是哪些类型的表达式？

② 比较 If…Else…End If 结构与 Select Case…End Select 结构的异同点。

③ 多种选择结构嵌套使用时应注意哪些事项？

实验 6　循环结构程序设计

一、实验目的

1. 掌握 For 循环语句的程序设计方法。
2. 掌握当型循环和直到型循环的程序设计方法。
3. 掌握循环嵌套程序设计方法。
4. 了解几种循环结构相互转换的方法。

二、相关知识

1. 循环结构

循环结构依据某一条件反复执行某段程序。条件被称为"循环条件",程序段被称为"循环体"。循环体被反复执行的次数称为循环次数。循环结构可以通过下面 4 种循环语句实现:

（1）For…Next 语句;
（2）Do While/Until…Loop 语句;
（3）Do…Loop While/Until 语句;
（4）While…Wend 语句。

注意:

① 如已知循环次数,则最好采用 For…Next 语句。如循环次数未知,则最好采用后面几种。

② 格式（2）与格式（3）的区别：格式（2）先判断循环条件,再决定是否执行循环体。格式（3）首先执行一次循环体,再判断循环条件。

2. For…Next 语句

For…Next 语句主要用于已知循环次数的循环,循环次数由"循环变量"控制。循环次数的计算公式如下：

$$循环次数 = \frac{终值 - 初值}{步长} + 1$$

For…Next 语句的语法格式如下：

```
For　循环变量=初值　To　终值　[Step 步长]
　　循环体
Next　循环变量
```

3. Do While/Until…Loop 语句

Do While/Until…Loop 语句有两种不同的格式。

（1）格式 1：
```
Do While 循环条件
    循环体
Loop
```
（2）格式 2：
```
Do Until 循环条件
    循环体
Loop
```
注意：格式 1 与格式 2 的区别。

格式 1 执行完一次循环体后，判断如果循环条件满足，则进入下一次循环。而格式 2 执行完一次循环体后，判断如果循环条件满足，则退出循环。

4. Do…Loop While/Until 语句

Do While/Until…Loop 语句有 2 种不同的格式。

（1）格式 1：
```
Do
    循环体
Loop While 循环条件
```
（2）格式 2：
```
Do
    循环体
Loop Until 循环条件
```

5. While…Wend 语句

While…Wend 语句格式如下：
```
While   循环条件
    循环体
Wend
```

6. 循环的嵌套

一个循环结构的循环体内出现了另一个循环结构的现象称为"循环嵌套"。循环嵌套的格式很多，例如两个 For 循环的嵌套：

```
For … To…
    For … To …       内层       外层
        …            循环       循环
    Next …
Next …
```

7. Exit 语句

Exit 语句形式分为若干种，用于退出某个控制结构。

① Exit Sub 语句：退出 Sub 过程。

② Exit Function 语句：退出 Function 过程。

③ Exit Select 语句：退出 Select 语句。
④ Exit For 语句：退出 For 语句。
⑤ Exit Do 语句：退出 Do 语句。

8. 强制退出循环结构

如果出现死循环现象，程序没有响应，可以使用 Ctrl+Break 组合键强制结束程序运行。

三、实验内容

【实验 6-1】求 Fibonacci 数列中的前 40 个数。

分析：Fibonacci 数列特点是第 1 个数和第 2 个数都是 1，从第 3 个数开始，该数是前两数之和。即

$$F_1=1 \ (n=1)$$
$$F_2=1 \ (n=2)$$
$$F_n=F_{n-1}+F_{n-2} \quad (n \geq 3)$$

（1）编写程序代码。

```
Private Sub Form_Click( )
  Dim f1 As Long,f2 As Long,f3 As Long
  Dim i As Integer,j As Integer
  f1=1
  f2=1
  j=3
  Print
  Print "====输出Fibonacci数列40个数===="
  Print
  Print f1,f2,
  For i=3 To 40
    f3=f1+f2
    If j<5 Then
      Print f3,
    Else
      j=0
      Print f3
    End If
    f1=f2
    f2=f3
    j=j+1
  Next i
End Sub
```

（2）运行程序，结果如图 6-1 所示。

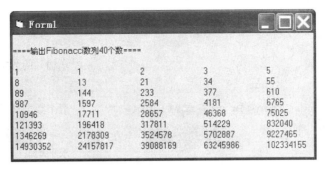

图 6-1 实验 6-1 的运行结果

思考：

① 循环变量 i 的初值是____，如果改为 1，是否可以？

② 程序代码中"If…Else…End If"部分，用来完成什么功能？

③ 变量 j 的作用是____。

④ 将变量 f1、f2、f3 的数据类型改为 Integer，再运行程序，系统会出现什么提示？

【实验 6-2】使用 Inputbox( )函数输入 10 个数，求出它们的最大值、最小值和平均值并显示。

（1）界面设计：在窗体设计器中添加 2 个命令按钮。调整它们的位置及大小，如图 6-2 所示。

（2）按表 6-1 所示设置对象属性。

图 6-2 实验 6-2 的界面设计

表 6-1 实验 6-2 程序中对象属性设置

对象	名称（Name）	属性	属性值
窗体	Form1	Caption	Form1
命令按钮	Command1	Caption	输入数据
命令按钮	Command2	Caption	显示结果

（3）编写程序代码。

```
Dim max As Integer,min As Integer,avg As Single
Private Sub Command1_Click( )
  Dim i As Integer,num As Integer,sum As Long,str1 As String
  Form1.FontSize=12
  Print  "输入的 10 个数据是:"
  For  i=1 To 10
    num=Val(InputBox("请输入第" & i & "个数"))
    If  i=1 Then
      max=num:min=num
    Else
      If num>max Then  max=num
```

```
        If num<min Then  min=num
      End If
      sum=sum+num                                    '求输入的数据之和
      str1=str1+" " & num
      If i Mod 5=0 Then Print str1:str1=""          '五个数据显示在一行
    Next i
    avg=sum/10                                       '求平均值
End Sub
Private Sub Command2_Click( )
  Form1.ForeColor=vbRed
  Form1.FontSize=14
  Print
  Print  "最大值是:" & max & "最小值是:" & min
  Print  "平均值是:" & avg
End Sub
```

（4）运行程序，结果如图 6-3 所示。

思考：

① 程序代码中，变量 max、min、sum、avg 中存放的数据分别表示什么含义？

② 程序代码中，变量 str1 的作用是什么？哪些语句是用来显示用户输入的数据的？数据的显示格式是什么？

③ 求几个数据中的最大值、最小值、平均值的算法分别是什么？请用自己的语言描述其算法。

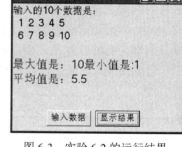

图 6-3　实验 6-2 的运行结果

【实验 6-3】补充并完成如下程序设计，求 $\sum_{n=1}^{100} n!$ 。

分析：

$$\sum_{n=1}^{100} n! = 1! + 2! + 3! + \cdots + n!$$

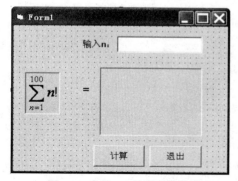

① 其中，n!=1×2×3×…×n。在程序设计中，可以用 t=t*n 语句在循环中反复运算，最终达到计算阶乘的目的。

② 用 sum=sum+t 语句在循环中反复计算，即可求出阶乘和。

（1）界面设计：在窗体设计器中添加 2 个标签 Label1、Label2，1 个文本框 Text1，2 个图片框 Picture1、Picture2 和 2 个命令按钮。调整它们的位置及大小，如图 6-4 所示。

图 6-4　实验 6-3 的界面设计

（2）按表 6-2 所示设置对象属性。

表 6-2　实验 6-3 程序中对象属性设置

对象	名称（Name）	属性	属性值
窗体	Form1	Caption	Form1
标签	Label1	Caption	输入 n:
标签	Label2	Caption	=
文本框	Text1	Text	空白
命令按钮	Command1	Caption	计算
命令按钮	Command2	Caption	退出
图片框	Picture1	Picture	$\sum_{n=1}^{100} n!$
图片框	Picture2		

（3）编写程序代码。

```
Private Sub Command1_Click( )
  Dim a As Integer,t As Double,n As Integer,sum As Double
  a=Val(Text1.Text)
  t=1
  n=1
  sum=0
  Do
    '**在以下下划线部分写上正确代码**
    _____
    _____
    _____
  Loop Until n>a
  Picture2.Print sum;Spc(2);"n=";a    '将计算结果在 Picture2 中输出
End Sub
Private Sub Command2_Click( )
  End
End Sub
```

（4）运行程序，结果如图 6-5 所示。

思考：

① 变量 a 的作用是保存用户输入的 n 值；变量 t 的作用是＿＿＿＿；变量 sum 的作用是＿＿＿＿。

② 在变量定义部分，如将 "t As Double, sum As Double" 改为 "t As Integer, sum As Integer"，再运行程序，系统会出现什么提示？

③ 若将语句 "Loop Until n>a" 中的条件改为 "n>=a"，是否可以？

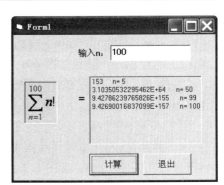

图 6-5　实验 6-3 的运行结果

④ 用 For…Next 循环结构替换程序中的 Do…Loop Until 结构，应如何修改程序？

⑤ 用当型循环替换程序中的直到型循环，应如何修改程序？

【实验 6-4】用 1、2、3 这三个数字可以组成一个三位数。打印所有可能的三位数组合，计算没有重复数字的三位数的个数。（如 111 属于重复数字的三位数）

分析：

① 需要采用三重循环嵌套实现。

② 循环变量的初值为 1，终值为 3。

（1）编写程序代码。

```
Private Sub Form_Load( )
  Dim sum%,i%,j%,k%,p%,x$
  Show
  Print
  sum = 0
   For i=1 To 3
    For j=1 To 3
     For k=1 To 3
        x=i & j & k & " "
        Print x;
        p=p+1
        If p Mod 9=0 Then Print
        '**在以下下划线部分写上正确代码**
        If _____ Then  sum=sum+1    '当三个数不相同时,求和
     Next k
    Next j
   Next i
  Print
  For i=1 To 60
    Print "-";
  Next i
  Print
  Print "组合个数为:";sum
End Sub
```

（2）运行程序，结果如图 6-6 所示。

【实验 6-5】一个数如果恰好等于它的因子之和，则称这个数为"完数"或"完全数"。例如，6 的因子为 1、2、3，而 6=1+2+3，因此 6 是"完数"；又如，28 的因子为 1、2、4、7、14，而 28=1+2+4+7+14，因此 28 也是一个"完数"。找出 1 000 以内的所有完数。

（1）界面设计：在窗体设计器中添加 1 个标签 Label1、1 个文本框 Text1 和 2 个命令按钮，调整它们的位置及大小，如图 6-7 所示。

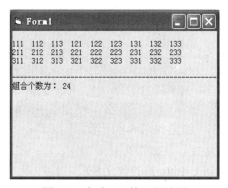

图 6-6　实验 6-4 的运行结果

图 6-7　实验 6-5 的界面设计

（2）按表 6-3 所示设置对象属性。

表 6-3　实验 6-5 程序中对象属性设置

对象	名称（Name）	属性	属性值
窗体	Form1	Caption	完数查找（1 000）以内
标签	Label1	Caption	结果显示
文本框	Text1	Text	空白
命令按钮	Command1	Caption	开始
命令按钮	Command2	Caption	退出

（3）编写程序代码。

```
Private Sub Command1_Click( )
   Dim a%,b%,c%,p%,q%
   a=2
   While a<=1000
     b=2:q=1
     If a mod 2=0 Then
        c=a/2
     Else
        c=Int(a/3)
     End If
     Do While b<=c
       p=Int(a/b)
       If p=a/b Then
          q=q+b
       End If
       b=b+1
     Loop
     If q=a Then
        Text1.Text=Text1.Text+Str(a)+Space$(5)
     End If
     a=a+1
```

```
      Wend
      'Text1.BackColor=RGB(0,0,255)
      'Text1.ForeColor=RGB(255,255,255)
End Sub
Private Sub Command2_Click( )
    End
End Sub
```

图 6-8 实验 6-5 的运行结果

（4）运行程序，结果如图 6-8 所示。

思考：

① 程序中语句 c=Int(a/3) 的含义是____。

② 将语句 "Text1.BackColor…" 和 "Text1.ForeColor…" 前面的注释去掉，运行程序，观察文本框的变化。

③ 是否可以用 For…Next 循环结构替换程序中的当型循环结构？

【实验 6-6】编写程序，求 $e=1+\dfrac{1}{1!}+\dfrac{1}{2!}+\dfrac{1}{3!}+\cdots+\dfrac{1}{n!}$ 的值，要求误差小于 0.000 01。

编写程序代码如下：

```
Private Sub Form_Click( )
    Dim i%,n&,t!,e!
    e=0
    n=1                           'e 存放累加和、n 存放阶乘
    i=0
    t=1                           'i 是计数器、t 等于第 i 项的值
    Do While t>0.00001
       e=e+t
       i=i+1                      '累加、连乘
       n=n*i
       t=1/n
    Loop
    Print "计算了";i;"项的和是";e
End Sub
```

思考：

① 如何计算 For 循环中的循环次数？

② 如何避免死循环问题？

③ 使用循环嵌套时应注意哪些事项？

实验 7　数　　组

一、实验目的

1. 掌握静态数组、动态数组、控件数组的定义与引用。
2. 掌握数组整体引用及数组元素的基本操作。
3. 掌握数组元素的输入与输出方法。
4. 掌握利用数组解决与数组相关的常用算法（特别是排序算法）。

二、相关知识

1. 数组与数组元素

（1）数组：一组相同类型变量的集合，用于处理类型相同的大量数据。

（2）数组元素：数组中的每个变量，由数组名和下标两部分组成。

（3）数组长度：数组中包含数组元素的个数。

（4）数组维数：数组元素中下标的个数。

（5）数组的上界和下界：数组元素下标的最小值称为"下界"，最大值称为"上界"。下标下界默认从 0 开始。如果希望数组下标下界默认从 1 开始，可在窗体的"通用|声明"中使用 Option Base 语句改变默认值。

2. 一维数组

格式：Dim 数组名(下标) [As 数组类型]

3. 多维数组

格式：Dim 数组名(下标 1[,下标 2…]) [As 数组类型]

4. 动态数组

格式：ReDim 数组名(下标 1[,下标 2…]) [As 数组类型]

5. 数组的基本操作

（1）数组元素的引用。

格式：数组名(下标,…)

（2）数组元素的输入/输出。

单个元素的输入/输出方法与变量的相同，区别只在于数组元素是带下标的变量；多个数组元素的输入、输出一般利用循环结构实现。

(3)数组的复制。

单个数组元素可以像简单变量一样从一个数组复制到另一个数组,也可以通过 For 循环完成两个数组元素的整体复制。

(4)数组的清除。

格式:Erase 数组名[,数组名]…

6. 控件数组

"控件数组"是一组相同类型的控件组成的集合,特点如下:

(1)每个元素具有相同的 Name 属性,即整个数组的名字。

(2)每个元素具有不同的 Index 属性,即数组元素下标,默认从 0 开始。

(3)每个控件的完整名称是:数组名(下标)。

(4)所有元素都共用相同的事件过程。

```
Private Sub 控件数组名_事件名(Index As Integer)   '触发该事件的元素是:数组名(Index)
   …
End Sub
```

7. 与数组操作有关的几个函数

(1)Array 函数。

该函数用于给数组元素赋值,其元素值一定赋值给变体类型数组。其语法格式为:

```
数组名= Array(值1,值2,…)
```

(2)求数组的上界 Ubound( )函数、下界 Lbound( )函数。

Ubound( )函数和 Lbound( )函数分别用来确定数组某一维的上界和下界值。使用格式如下:

```
UBound(<数组名>[,<N>])
LBound(<数组名>[,<N>])
```

(3)Split 函数。

Split 函数可从一个字符串中,以某个指定符号为分隔符,分离若干个子字符串,建立一个下标从零开始的一维数组。使用格式:

```
Split(<字符串表达式> [,<分隔符>])
```

8. 自定义数据类型

自定义数据类型由若干个标准数据类型组成,它一般在标准模块(.bas)中定义。

(1)定义格式。

```
Type 自定义类型名
   元素名[(下标)] As 类型名
   …
   [元素名[(下标)] As 类型名]
End Type
```

(2)自定义类型变量声明格式。

```
Dim  变量名  As 自定义类型名
```

（3）自定义类型变量引用格式。

变量名.元素名

三、实验内容

【实验 7-1】编写程序，随机产生 10 个一位数，放入数组 A 中，分别计算前 5 个数和后 5 个数的平均值，比较两个平均值的大小，并显示比较结果。

（1）界面设计：在窗体设计器中添加 1 个命令按钮和 5 个标签，调整它们的位置及大小，如图 7-1 所示。

图 7-1 实验 7-1 的界面设计

（2）按表 7-1 所示设置对象属性。

表 7-1 实验 7-1 程序中对象属性设置

对象	名称（Name）	属性	属性值
窗体	Form1	Caption	比较大小
标签	Label1	Caption	随机产生 10 个一位数
标签	datalist	Caption	datalist
标签	q5label	Caption	前 5 个数的平均值
标签	h5label	Caption	后 5 个数的平均值
标签	result_label	Caption	result_label
命令按钮	Command1	Caption	开始

（3）编写程序代码。

```
Private Sub Command1_Click( )
  Dim a(1 To 10) As Integer,datastr As String
  Dim q5_sum%,h5_sum%,q5_avg!,h5_avg!
  For i=1 To 10
    a(i)=Int(Rnd*10)     '将产生的随机数存放在下标为 i 的数组元素中
    If i<=5 Then
      q5_sum=q5_sum+a(i)
    Else
```

```
      h5_sum=h5_sum+a(i)
    End If
    datastr=datastr & "   " & Str(a(i))   '将数据作为字符串连接起来
  Next i
  datalist.Caption=datastr:q5_avg=q5_sum/5:h5_avg=h5_sum/5
  q5label.Caption=q5label.Caption & q5_avg
  h5label.Caption=h5label.Caption & h5_avg
  If q5_avg>h5_avg Then
    result_label.Caption="数组前5个数的平均值大于后5个数的平均值"
  ElseIf q5_avg=h5_avg Then
    result_label.Caption="数组前5个数的平均值等于后5个数的平均值"
  Else
    result_label.Caption="数组前5个数的平均值小于后5个数的平均值"
  End If
End Sub
```

（4）运行程序，结果如图7-2所示。

思考：

① 如果要求数组下标的下界从0开始，应如何修改程序？

② 为提高程序的通用性，可以使用符号常量来定义一维数组的长度，应如何修改程序？

【**实验7-2**】编写程序，随机产生20个元素的一维数组A，将前10个元素与后10个元素交换，要求第1个元素与第20个元素交换，第2个元素与第19个元素交换，依此类推。输出交换后的数组A。

分析：

① 为了便于控制数组元素的下标运算，本程序将下标的下界从1开始。

② 按照交换要求，只需要将循环执行10次，每次将a(i)与a(20-i+1)交换即可。

（1）界面设计：在窗体设计器中添加2个标签和2个图片框，调整它们的位置及大小，如图7-3所示。

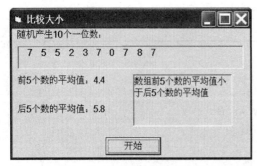

图7-2　实验7-1的运行结果

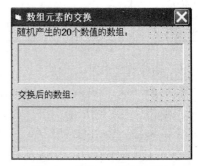

图7-3　实验7-2的界面设计

（2）按表7-2所示设置对象属性。

表 7-2 实验 7-2 程序中对象属性设置

对象	名称（Name）	属性	属性值
窗体	Form1	Caption	数组元素的交换
标签	Label1	Caption	随机产生的 20 个数值的数组：
标签	Label2	Caption	交换后的数组：
图片框	Picture1	BorderStyle	1-Fixed Single
图片框	Picture2	BorderStyle	1-Fixed Single

（3）编写程序代码。

```
Option Base 1
Dim a(20) As Integer
Private Sub Form_Click( )
  For i=1 To 20  '赋初值,并显示
    a(i)=Int(100*Rnd+1)
    Picture1.Print a(i);Spc(1);
    If i=10 Then Picture1.Print
  Next i
'**在以下下划线部分写上正确代码**
  For_____       '进行交换
    t=a(i)
    a(i)= _____
    a(20-i+1)=t
  Next i
  For i=1 To 20  '输出逆序的数组
    Picture2.Print a(i);Spc(1);
    If i=10 Then Picture2.Print
  Next i
_____
End Sub
```

（4）运行程序，结果如图 7-4 所示。

【**实验 7-3**】编写程序，将一个 3×4 阶的矩阵转置后存到另一个矩阵中，并输出转置后的矩阵。

例如：

矩阵 $A = \begin{pmatrix} 2 & 3 & 4 & 5 \\ 3 & 4 & 5 & 6 \\ 4 & 5 & 6 & 7 \end{pmatrix}$，转置后的矩阵为 $A^T = \begin{pmatrix} 2 & 3 & 4 \\ 3 & 4 & 5 \\ 4 & 5 & 6 \\ 5 & 6 & 7 \end{pmatrix}$

（1）界面设计：在窗体设计器中添加 3 标签和 2 个图片框，调整它们的位置及大小，如图 7-5 所示。

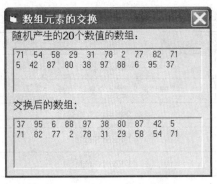

图 7-4 实验 7-2 的运行结果

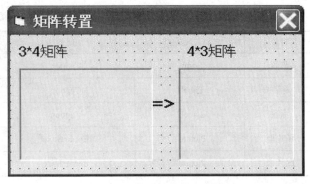

图 7-5 实验 7-3 的界面设计

（2）按表 7-3 所示设置对象属性。

表 7-3 实验 7-3 程序中对象属性设置

对象	名称（Name）	属性	属性值
窗体	Form1	Caption	矩阵转置
标签	Label1	Caption	3×4 矩阵
标签	Label2	Caption	4×3 矩阵
标签	Label3	Caption	=>
图片框	Picture1	BorderStyle	1-Fixed Single
图片框	Picture2	BorderStyle	1-Fixed Single

（3）编写程序代码。

```
Private Sub Form_Click( )
  Dim a(1 To 3,1 To 4) As Integer,b(1 To 4,1 To 3) As Integer
  Dim i%,j%
  For i=1 To 3
    '**在以下下划线部分写上正确代码**
    For j=_____
      a(i,j)=i+j
      Picture1.Print a(i,j);Spc(1);
    Next j
    Picture1.Print
  Next i
'****第一部分****
  For i=1 To 4
    For j=_____
      _____
      Picture2.Print b(i,j);Spc(1);
    Next j
    Picture2.Print
```

```
  Next i
End Sub
```

（4）运行程序，结果如图7-6所示。

思考：

① 为了增强程序的灵活性，可以在通用声明段中定义 n 和 m 两个符号常量来分别表示矩阵的行、列值。请修改程序，使程序可以对任意矩阵进行转置。

② 程序中标有"****第一部分****"的下面的循环结构实现的功能是什么？

【**实验7-4**】打印"杨辉三角形"。

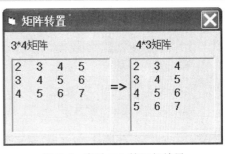

图7-6 实验7-3的运行结果

分析：

① 杨辉三角形的一般形式如下：

```
         1
        1 1
       1 2 1
      1 3 3 1
     1 4 6 4 1
    1 5 10 10 5 1
         ...
```

② 分析上面的形式，可以找出其规律：对角线和每行的第一列均为1，其余各项是它的上一行中前一列元素和上一行的同一列元素之和。例如，第 4 行第 3 列的值为 3，它是第 3 行第 2 列与第 3 行第 3 列元素值的和。一般公式可以表示为：

a(i,j)=a(i-1,j-1)+a(i-1,j)

（1）编写程序代码。

```
Option Base 1
Private Sub Form_Click( )
  Const n=10
  Dim arr(n,n) As Integer
  '******使对角线和每行的第一列均为1*****
  For i=1 To n
  '**在以下下划线部分写上正确代码**
    arr(i,i)=_____
    _____=1
  Next i
  '******从第三行开始,计算非第一列和对角线的各项的值*****
  For i=3 To n
    For j=2 To i-1
      arr(i,j)=_____
    Next j
  Next i
```

```
'******数组的输出*****
  For i=1 To n
    For j=1 To _____
      Print arr(i,j);
    Next j
    Print
  Next i
End Sub
```

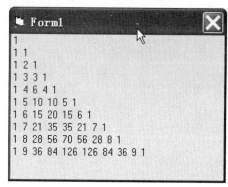

图 7-7　实验 7-4 的运行结果

（2）运行程序，结果如图 7-7 所示。

【实验 7-5】编写程序，利用随机数生成一个 5×5 阶的矩阵 A，对该矩阵对角线上的数值进行从大到小的排序后，再输出该矩阵。

分析：

① 常用的排序方法有：比较法、冒泡法和选择法。

② 对角线上数组元素的行下标和列下标相等，在进行对角线上数值的比较时，只需行下标做循环变量即可，不需要考虑列下标。

③ 程序中标有"****第一部分****"的下面的循环结构中，变量 i 用来表示行下标，变量 j 用来表示处于 i 行之下的行下标，变量 p 用来表示当前最大数的行下标。

（1）编写程序代码。

```
Option Base 1
Private Sub Form_Click( )
Dim a(5,5) as integer
  Dim p%,i%,j%
  For i=1 To 5         '产生随机数
    For j=1 To 5
      a(i,j)=Int(Rnd*100)
    Next j
  Next i
  Print "生成的5*5矩阵为:"
  For i=1 To 5
    For j=1 To 5
      Print Tab(6*j);a(i,j);
    Next j
    Print
  Next i
  '***********第一部分***********
  For i=1 To 4
    p=i
```

```
      Forj=i+1 To 5
'**在以下下划线部分写上正确代码**
      If _____ Then    'a(j,j)比其元素值大
        p=j
      End If
    Next j
    '************第二部分************
    k=a(i,i)
    a(i,i)= _____
    a(p,p)=k
    '******************************
  Next i
  Print
  Print "排序后的5*5矩阵为:"
  For i=1 To 5
    For j=1 To 5
      Print Tab(6*j);a(i,j);
    Next j
    Print
  Next i
End Sub
```

（2）运行程序，运行结果如图7-8所示。

思考：

① 程序中标有"****第一部分****"的下面的循环结构实现的功能是什么？为什么其下的循环变量i的终值是4而不是5？

② 程序中标有"****第二部分****"的下面的语句实现的功能是什么？

③ 当对角线上存在相同的数值时，是否也能排序？

④ 如果本程序使用冒泡排序法来实现，应该如何修改程序？

【实验7-6】 编写程序，在一个数列中，查找并删除第一个与用户输入的数值相同的数。

分析：

① 将数列定义为一维动态数组A，当数组A中删除了某个数据后，则该数据后的数组元素要逐一向前移动一位。

② 从数组中删除数据后，使用 ReDim Preserve 语句动态配置实际的数组元素个数。

③ 查找数据时，可以采用顺序查找法来实现。其基本思想是：待查找的数放入变量x中，将x与a(i)（i=1,2,3…,n）进行比较，一旦x等于某个a(i)值，则退出循环；循环结束后，进行判断。如果i≤n，则找到该数据，其在数组中的位置下标为i；否则没有找到。

（1）界面设计：在窗体设计器中添加2个文本框、2个标签和1个命令按钮，调整它们的位置及大小，如图7-9所示。

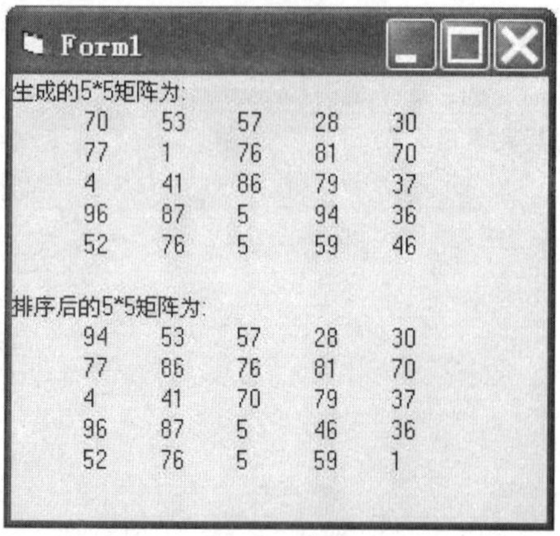

图 7-8 实验 7-5 的运行结果 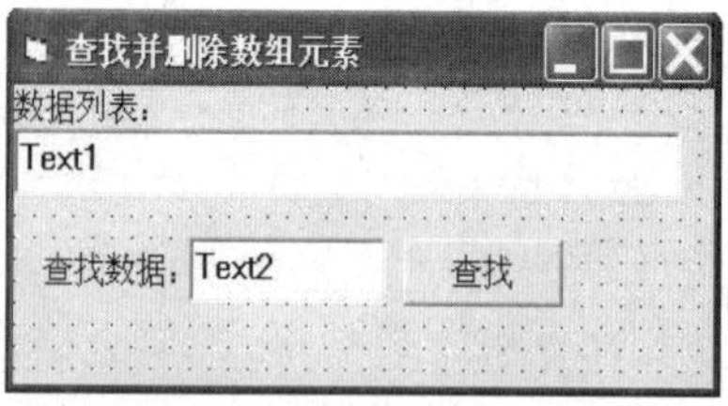   图 7-9 实验 7-6 的界面设计

（2）按表 7-4 所示设置对象属性。

表 7-4 实验 7-6 程序中对象属性设置

对象	名称（Name）	属性	属性值
窗体	Form1	Caption	查找并删除数组元素
标签	Label1	Caption	数据列表
标签	Label2	Caption	查找数据
文本框	Text1	Text	Text1
文本框	Text2	Text	Text2
命令按钮	Command1	Caption	查找

（3）编写程序代码。

```
Option Base 1
Dim a( )
'查找
Private Sub Command1_Click( )
  Dim i%,j%,x%
  x=Val(Text2.Text)
  For i=1 To UBound(a)        '把 x 与 a 数组中的元素从头到尾一一进行比较
  '**在以下下划线部分写上正确代码**
    If  x=a(i) Then_____    '跳出循环
  Next i
  If i>_____ Then
    MsgBox "没有找到",,"顺序查找法"
  Else
    MsgBox  x & "在数组中的下标为:" & i,,"顺序查找法"
    For j=i To UBound(a)-1
      a(j)=_____            '后面的数组元素逐一向前移动一位
    Next j
```

```
      ReDim  Preserve  a(UBound(a)-1)
      Text1.Text=""
      For i=1 To UBound(a)
        Text1.Text=Text1.Text & " " & a(i)
      Next
    End If
End Sub

Private Sub Form_Load( )
    Dim i%
    Text1.Text=""
    a=Array(15,12,52,34,102,56,2,3,5,121)           '生成数组
    For i=1 To UBound(a)
      Text1.Text=Text1.Text & " " & a(i)
    Next i
    Text2.Text=""
End Sub
```

（4）运行程序，结果如图 7-10 所示。

【实验 7-7】 输入学生的学号、姓名及每人的数学、英语、计算机分数，并显示出来；求出每名学生的三门课程平均分，分别统计高于平均分、低于 60 分、大于等于 90 分的人数，并输出。

（1）界面设计：在窗体设计器中添加 14 个标签、1 个文本框控件数组 Text1(0)～Text1 (4)、3 个文本框、1 个列表框、2 个命令按钮，调整它们的位置及大小，如图 7-11 所示。

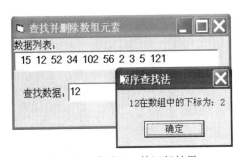

图 7-10 实验 7-6 的运行结果

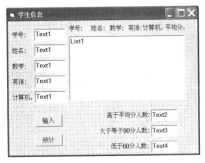

图 7-11 实验 7-7 的界面设计

（2）按表 7-5 所示设置对象属性。

表 7-5 实验 7-7 程序中对象属性设置

对象	名称（Name）	属性	属性值
窗体	Form1	Caption	学生信息
下拉列表	List1		
文本框	Text1(0) ～Text1(4)	Text	Text1
文本框 2	Text2～Text4	Text	Text2～Text4
命令按钮 1	Command1	Caption	输入
命令按钮 2	Command2	Caption	统计

（3）编写程序代码。

```vb
Option Base 1
'---------使用自定义数据类型定义学生记录--------------
Private Type stud
  Num As String*4
  Name As String*8
  math As Single
  english As Single
  computer As Single
  avg As Single
End Type
Dim st( ) As stud                    '定义st( )为学生记录型数组
Dim n As Integer
Dim count_90%,count_60%,count_avg%,sum!
Private Sub Command1_Click( )
  Dim sc As String
  Dim sp As String
  sp="        "
  n=n+1
  ReDim Preserve st(n)
  With st(n)                         '为数组元素赋值
    .Num=Text1(0).Text
    .Name=Text1(1).Text
    .math=Val(Text1(2).Text)
    .english=Val(Text1(3).Text)
    .computer=Val(Text1(4).Text)
    .avg=(.math+.english+.computer)/3      '求平均分
    If .avg>=90 Then                       '累加 >=90 人数
      count_90=count_90+1
    ElseIf .avg<60 Then                    '累加 <60 人数
      count_60=count_60+1
    End If
    sum=sum+.avg
    '---------在列表框中显示输入的学生信息--------------
    sc=Format(.math, "####") & sp & Format(.english, "####") & sp _
    & Format(.computer, "####") & sp & Format(.avg, "##.#")
    List1.AddItem .Num & "  " & .Name & sc
  End With
End Sub
Private Sub Command2_Click( )
  Dim i%,all_avg!
```

```
    If n<>0 Then
      all_avg=sum/n
      For i=1 To n
        If st(i).avg>all_avg Then count_avg=count_avg+1
      Next i
      Text2.Text=Str(count_avg)
      Text3.Text=Str(count_90)
      Text4.Text=Str(count_60)
    End If
End Sub
Private Sub Form_Load( )
  Text1(0).Text=""
  Text1(1).Text=""
  Text1(2).Text=""
  Text1(3).Text=""
  Text1(4).Text=""
  Text2.Text=""
  Text3.Text=""
  Text4.Text=""
End Sub
```

（4）运行程序，结果如图7-12所示。

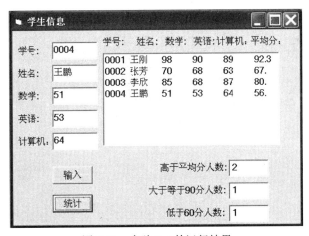

图7-12 实验7-7的运行结果

【**实验7-8**】找出二维数组n×m中的"鞍点"。所谓鞍点，是指它在本行中值最大，在本列中值最小，也可能在一个数组中找不到鞍点。若数组中存在鞍点，输出它所在的行、列号，若无鞍点，则输出"无"。

分析：

① 首先定义一个动态二维数组a(n,m)，其中n、m从键盘输入。

② 数组a(n,m)中的数据通过键盘录入。

③ 对二维数组的操作，要用双重循环实现，即数组的行用一个循环变量，其终值为n，

数组的列用一个循环变量，其终值为 m。

编写程序代码如下。

```
Option Base 1
Dim a( ) As Integer
Private Sub Form_Load( )
  Show
  n=InputBox("输入数组行数 n:")
  m=InputBox("输入数组列数 m:")
  ReDim a(n,m)
  Print "输入二维数组";n;"×";m;"各元素的值"
  For i=1 To n
    For j=1 To m
      a(i,j)=InputBox("a(" & Str(i) & "," & Str(j) & ")")
      Print a(i,j);
    Next j
    Print
  Next i
'****************************************************
  For i=1 To n
    big=a(i,1)
    For j=1 To m
    '**在以下下划线部分写上正确代码**
      If _____ Then
        big=a(i,j)
        col=j
      End If
    Next j
    flag=1                                    '有鞍点的标志
    For k=1 To n
      If _____ Then
        flag=0
        Exit For
      End If
    Next k
    If flag=1 Then
      Exit For
    End If
  Next i
'****************************************************
  If flag=0 Then
    Print "无鞍点"
```

```
    Else
      Print
      Print "找到鞍点,其位置与值分别是:"
      Print "行号","列号","值"
      Print i,col,big
    End If
End Sub
```

实验 8　过　　程

一、实验目的

1. 掌握 Sub 过程和 Function 过程的基本使用方法及区别。
2. 掌握形参与实参的概念。
3. 掌握值传递和地址传递的传递特点和方式。
4. 掌握函数过程和过程的作用域。
5. 掌握递归概念和使用方法。
6. 了解可选参数与可变参数的使用方法。
7. 熟悉程序设计中的常用算法。

二、相关知识

1. 过程的概念

（1）通常将功能独立的程序段定义成"过程"。
（2）使用这项功能时，就转去执行这个程序段，称为"过程的调用"。
（3）调用其他过程的过程称为"主调过程"。
（4）被其他过程调用的过程称为"被调过程"。
（5）过程可以接收主调过程传递过来的数据，保存在自己的变量里，称为"形式参数"。
（6）主调过程可以将数据保存在"实际参数"中，直接传递给被调过程的形式参数。
（7）被调过程执行后，可将结果返回给主调过程，称为"返回值"。

2. 过程的意义

过程的用处在于：
（1）将一个大任务分割成多个子任务实现。
（2）将重复使用的功能定义为一个过程，在使用时进行过程调用，可以节省大量的重复性工作。

3. Sub 过程

Sub 过程以 Sub 开头，End Sub 结束。Sub 过程无返回值，通常用于完成一个功能，无须给主调函数返回计算结果。

（1）Sub 过程的定义格式：

```
[Static][Private][Public] Sub 过程名[(参数列表)]
    语句块
```

```
    [Exit Sub]
    [语句块]
End Sub
```

（2）Sub 过程的调用方法有：

方法一：Call 过程名[(实际参数 1,实际参数 2,…)]

方法二：过程名 实际参数 1,实际参数 2,…

说明：要执行一个过程，必须调用该过程。"实际参数"用来给 Sub 过程传递变量或常数，是调用模块与 Sub 过程相互联系的通道。

4. Function 过程

Function 过程以 Function 开头，以 End Function 结束，带有返回值。Function 过程可用于数据计算和处理。

（1）Function 过程的定义格式如下：

```
[Static][Private][Public] Function 过程名[(参数列表)][As 类型]
    语句块
    [过程名=表达式]
    [Exit Function]
    [语句块]
End Function
```

（2）Function 过程的调用格式通常为：

```
变量|属性 = 过程名(实际参数列表)
```

5. 参数传递方式

（1）参数分为两种：

① 形式参数：它是指在定义一个过程或函数（即定义 Sub 过程或 Function 过程）时，跟在过程名或函数名右侧括号内的变量名，它们用于接收从外界传递给该过程或函数的数据。

② 实际参数：指在调用 Sub 或 Function 过程时，传送给 Sub 或 Function 过程的常量、变量或表达式。

（2）传递参数有两种方式：

① 按地址传参函数 ByRef。

② 按值传参函数 ByVal。

（3）传参方式的说明。

在定义过程时，可按如下格式说明传参方式：

```
ByRef|ByVal 形式参数名 1 As 类型, ByRef|ByVal 形式参数名 2 As 类型, …
```

当省略传参类型时，表示按 ByRef 方式传递参数。

（4）按值传递和按地址传递的区别。

① 按值传递，表示形参和实参是不同的变量。所以形参的变化不会影响实参。

② 按地址传递，形参和实参相当于同一个变量，名称不同而已；形参的变化会影响实参。

6. 数组作为过程参数

数组作为过程的参数，则该过程处理数组。数组作参数只能按照地址传递。

（1）定义过程的格式。

数组作为过程参数的格式如下：

数组名1( ) As 数据类型，数组名2( ) As 数据类型…

（2）调用过程的格式。

调用过程时，实际参数也要有数组名和括号；或者直接用数组名，省略括号。

7. 递归

如果通过一个对象自身的结构来描述或部分描述该对象，称为递归。VB 程序设计语言允许一个过程中有调用自身的语句（在过程中自己调用自己），称为递归调用；也允许调用另外一个过程，而该过程又反过来调用本过程，称为间接递归调用。构成递归有两个条件：

① 递归结束条件及结束时的值。

② 能用递归形式表示，并且递归向结束条件发展。

三、实验内容

【实验 8-1】利用下列程序测试参数传送的两种方式：传值调用和传地址调用，从而理解传值参数和传地址参数的区别。

编写程序代码：

```
Private Sub p(ByRef x%,ByVal y%)
    x=x+1:y=y+1
    print x,y
End Sub
Private Sub Command1_Click( )
    Dim x%,y%
    x=1: y=2
    Call p(x,y):Print x,y
    Call p(x,x):Print x,y
    Call p(y,y):Print x,y
    Call p(y,x):Print x,y
End Sub
```

思考：

① 传值和传地址有什么区别？

② 该段程序的运行结果是什么？

【实验 8-2】利用下列程序理解变量作用域的概念。

编写程序代码：

```
Dim a As Integer,b As Integer
Private Sub p1( )
    a=a+1
    b=b+1
    Print Tab(12);"调用 p1:";"a=";a;"b=";b
```

```
    End Sub
    Private Sub p2( )
        Dim a As Integer,b As Integer
        a=a+1
        b=b+1
        Print Tab(12);"调用 p2:";"a=";a;"b=";b
    End Sub
    Private Sub Command1_Click( )
        a=3: b=5
        Print
        Print Tab(12);"调用 p1 前:";"a=";a;"b=";b
        Call p1
        Print Tab(12);"调用 p1 后:";"a=";a;"b=";b
        Print
        Print Tab(12);"调用 p2 前:";"a=";a;"b=";b
        Call p2
        Print Tab(12);"调用 p2 后:";"a=";a;"b=";b
    End Sub
    Private Sub Command2_Click( )
        End
    End Sub
```

思考:

① p2 过程中定义的变量 a 和通用声明部分中声明的变量 a 有什么区别?

② 该段程序的运行结果是什么?

【实验 8-3】编写求 S=A!+B!+C!的程序,阶乘的计算分别用 Sub 过程和 Function 过程两种方法来实现。

(1) 界面设计如图 8-1 所示。

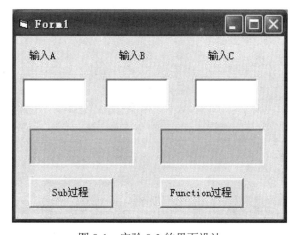

图 8-1 实验 8-3 的界面设计

（2）按表 8-1 所示设置对象属性。

表 8-1 实验 8-3 程序中对象属性设置

对象	名称（Name）	属性	属性值
文本框	Text1～Text3	Text	空白
文本框	Text4～Text5	Text	空白
		Enabled	False
标签	Label1	Caption	输入 A
标签	Label2	Caption	输入 B
标签	Label3	Caption	输入 C
命令按钮	Command1	Caption	Sub 过程
命令按钮	Command2	Caption	Function 过程

（3）编写程序代码。

```
Private a%,b%,c%
Private Sub subjc(n%,t&)
   t=1
   For i=1 To n
     t=t*i
   Next i
End Sub
Private Function funjc(n%)
   t=1
   For i=1 To n
     t=t*i
   Next i
   funjc=t
End Function
Private Sub Command1_Click( )
   Dim j1&,j2&,j3&,s&
   a=Text1
   b=Text2
   c=Text3
   Call subjc(a,j1)
   Call subjc(b,j2)
   Call subjc(c,j3)
   s=j1+j2+j3
   Text4.Text=s
End Sub
```

```
Private Sub Command2_Click( )
   Dim s As Long
   a=Text1
   b=Text2
   c=Text3
   s=funjc(a)+funjc(b)+funjc(c)
   Text5.Text=s
End Sub
```

（4）运行程序，结果如图 8-2 所示。

【实验 8-4】Fibonacci 数列的第一项是 1，第二项是 1，以后各项都是前两项之和，试用递归算法编写一个程序，求 Fibonacci 数列前 N 项之和。

（1）界面设计如图 8-3 所示。

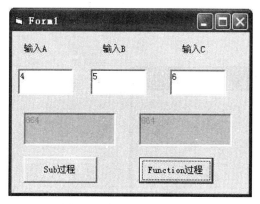

图 8-2　实验 8-3 的运行结果

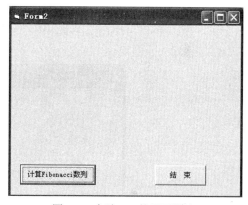

图 8-3　实验 8-4 的界面设计

（2）按表 8-2 所示对象属性设置。

表 8-2　实验 8-4 程序中对象属性设置

对象	名称（Name）	属性	属性值
命令按钮	Command1	Caption	计算 Fibonacci 数列
命令按钮	Command2	Caption	结束

（3）编写程序代码。

```
Public Function fib(ByVal k As Integer)
   If k<=2 Then
      fib=1
      Exit Function
   Else
      fib=fib(k-1)+fib(k-2)
   End If
End Function
```

```
Private Sub Command1_Click( )
    k=Val(InputBox("输出 Fibonacci 的前几项","输入框"))
    Print "数列的前";k;"项是:"
    For i=1 To k
      n=fib(i)
      Print n,
      If i Mod 4=0 Then
        Print
      End If
    Next i
End Sub
Private Sub Command2_Click( )
    End
End Sub
```

（4）如果在输入框内输入数字 20，则程序运行结果如图 8-4 所示。

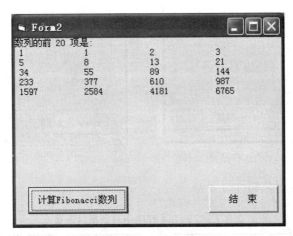

图 8-4　实验 8-4 的运行结果

【**实验 8-5**】数组传递。在文本框中输入一个数，按 Enter 键后，生成 n 个 210～330 之间的整数，在图形框（Picture1）中输出这些数。单击"排序"按钮，在图形框（Picture2）中按降序输出这些数。单击"清除"按钮清除图形框、文本框，并使文本框获得焦点。排序用过程实现，排序输出由主调用过程实现。

分析：

① 由题意可知，需用一维数组，且未知数组元素个数用动态数组。

② 数组元素的个数由文本框输入的数决定，该数既要用于文本框的 KeyPress 事件，又要用于命令按钮的单击事件，因此将该数组声明成窗体模块级数组。

③ 动态数组也要用于上述两个事件过程之中，需要声明为窗体模块级数组。

④ 排序过程可使用"选择法"排序。

（1）界面设计如图 8-5 所示。

（2）按表 8-3 所示设置对象属性。

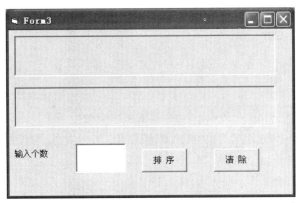

图 8-5 实验 8-5 的界面设计

表 8-3 实验 8-5 程序中对象属性设置

对象	名称（Name）	属性	属性值
命令按钮	Command1	Caption	排序
命令按钮	Command2	Caption	清除
图形框	Picture1		
图形框	Picture2		
标签	label1	Caption	输入个数
文本框	Text1	Text	空

（3）编写程序代码。

```
Private a%( ),n%          '定义窗体模块级的动态数组a和变量n
Sub porder(b%( ),ByVal m%)
   Dim i%,j%,t%,k%
   For i=1 To m-1
      k=i
      For j=i + 1 To m
         If b(k)< b(j) Then k=j
      Next j
      If k<>i Then
         _____
         _____
         _____
      End If
   Next i
End Sub
Private Sub Command1_Click( )
   Call porder(_____,n)
   For k=1 To n
      Picture2.Print a(k),
```

```
        If k Mod 5=0 Then
          Picture2.Print
        End If
    Next k
End Sub
Private Sub Command2_Click( )
    Text1.Text=""
    Picture1.Cls
    Picture2.Cls
    _____
End Sub
Private Sub Text1_KeyPress(KeyAscii As Integer)
    If KeyAscii=13 Then
      n=Val(Text1)
      ReDim a(n)
      For i=1 To n
        a(i)=Int(Rnd*120+210)
        Picture1.Print a(i),
        If i Mod 5=0 Then
          Picture1.Print
        End If
      Next i
    End If
End Sub
```

（4）运行程序，结果如图 8-6 所示。

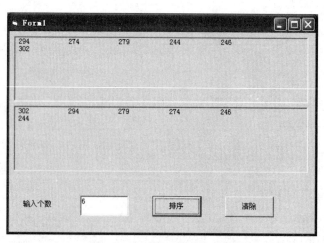

图 8-6　实验 8-5 的运行结果

思考：

① 在子程序中，数组采用什么方法进行数据传递？

② 将排序过程改用"冒泡法"排序。
③ 比较"选择法"和"冒泡法"的不同之处。

【实验8-6】编写程序验证哥德巴赫猜想：一个不小于 6 的偶数可以表示为两个素数之和。例如，6=3+3，8=3+5，10=3+7。

分析：

① 判定方法：一个偶数 N，将它表示成两个整数 X、Y 的和，即 N=X+Y。

② 以 N=12 为例，先令 X=2，判断 2 是否是素数，若是素数，可知 Y=N–X=12–2=10，10 不是素数，则"12=2+10"的组合不符合要求。

③ 使 X=X+1，再判断 X 是否是素数，若是，再判定 Y=N–X 是否是素数，若是，则组合成立，否则重复 X=X+1，Y=N–X，直到 X、Y 都为素数为止。

编写程序代码如下。

```
Sub prime(m,p)
  p=0: j=Int(Sqr(m))
  For i=2 To j
    If m Mod i=0 Then p=i
  Next i
End Sub
Private Sub Form_Click( )
  k=0
  For n=6 To 50 Step 2
    n1=1
    Do
      Do
        n1=n1+1
        Call prime(n1,p)
      Loop Until(p=0 Or n1>=n/2)
      n2=n-n1
      Call prime(n2,p)
    Loop Until p=0
    k=k+1
    Print n;"=";n1;"+";n2,
    If k Mod 5=0 Then Print
  Next n
End Sub
```

【实验8-7】编写一个子过程，功能是接受用户输入的用户名和密码，存放到一个记录数组中。再编写一个事件过程作为主调过程去调用这个子过程。主调程序连续调用该子过程获取多个用户名和密码，直到在输入用户名时直接按 Enter 键结束。

（1）界面设计：在窗体上添加 2 个标签、2 个文本框和 3 个按钮。界面设计如图 8-7 和图 8-8 所示。

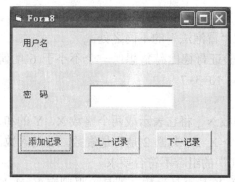

图 8-7 实验 8-7 的运行界面

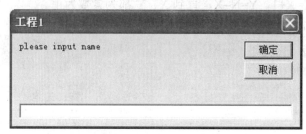

图 8-8 输入用户名界面

（2）按表 8-4 所示设置对象属性。

表 8-4 实验 8-7 程序中对象属性设置

对象	名称（Name）	属性	属性值
命令按钮	Cmdadd	Caption	添加记录
命令按钮	Cmdprevious	Caption	上一记录
命令按钮	Cmdnext	Caption	下一记录
标签	label1	Caption	用户名
标签	Label2	Caption	密码
文本框	Text1	Text	空
文本框	Text2	Text	空

（3）编写程序代码。

```
Option Explicit
Private Type rec
   Name As String
   Password As String
End Type
Dim namelist( ) As rec
Dim lastindex As Integer
Dim currentindex As Integer
Private Sub showrecord( )
   Text1=namelist(currentindex).Name
```

```
      Text2=namelist(currentindex).Password
      Form1.Caption=Str(currentindex) & "/" & Str(lastindex)
End Sub
Private Sub cmdadd_click( )
    Do
       lastindex=lastindex+1
       ReDim Preserve namelist(lastindex)
       currentindex=lastindex
       namelist(currentindex).Name=InputBox("please input name")
       If namelist(currentindex).Name="" Then Exit Do
       namelist(currentindex).Password=InputBox("please input password")
    Loop
    If namelist(currentindex).Name="" Then
       lastindex=lastindex-1
       currentindex=lastindex
    End If
    showrecord
End Sub
Private Sub cmdnext_click( )
    If currentindex=lastindex Then
       MsgBox("这是最后记录")
       Exit Sub
    Else
       currentindex=currentindex+1
       showrecord
    End If
End Sub
Private Sub cmdprevious_click( )
    If currentindex=1 Then
       MsgBox ("这是第一个记录")
       Exit Sub
    Else
       currentindex=currentindex-1
       showrecord
    End If
End Sub
Private Sub form_load( )
    Text1.Text=""
```

```
        Text2.Text=""
        currentindex=0
        lastindex=0
        ReDim namelist(lastindex)
        Form1.Caption=Str(currentindex) & "/" & Str(lastindex)
End Sub
```

实验 9　常 用 控 件

一、实验目的

1. 掌握命令按钮、标签、文本框的使用方法。
2. 掌握单选按钮、复选框和框架的使用方法。
3. 掌握列表框、组合框的使用方法。
4. 掌握滚动条的使用方法。
5. 掌握计时器的使用方法。

二、相关知识

1. 框架 Frame 控件

框架控件 Frame 可用于对其他控件进行分组。
（1）常用成员有：
Caption 属性，用于设置框架的标题文本。
（2）向框架中添加控件的方法有两种：
① 选择框架控件，单击工具箱中的控件图标，在框架内拖动鼠标，将其他控件添加到框架中。
② "剪切"框架外的控件，选择框架控件，将其"粘贴"到框架中。

2. 复选框 CheckBox 控件

复选框 CheckBox 用于提供一组选项，并可同时选择其中若干个。
常用成员如下：
（1）Caption 属性：复选框上显示的文字。
（2）Value 属性：是否选择了该复选框。
① 0：没有选择。
② 1：已选择。
③ 2：复选框不可用。
（3）Click 事件：单击复选框时就会被触发。

3. 单选按钮 OptionButton 控件

单选按钮 OptionButton 可用于提供一组选项，并只能选择其中之一。
常用成员如下：
（1）Caption 属性：单选按钮上显示的文字。

（2）Value 属性：是否选择了该单选按钮。

① False：没有选择。

② True：已选择。

（3）Click 事件：单击单选按钮时就会被触发。

4. 列表框 ListBox 控件

列表框控件 ListBox 可列出多个选项，用户可以通过单击的方式进行选择。

每个列表项有一个下标，第一项下标从 0 开始，依次递增。

其常用成员如下：

（1）Text 属性：

最后被选择的表项内容。

（2）List 属性：

List(i)表示下标为 i 的列表项的内容，即第 i+1 个列表项。

在属性窗口中设定 List 属性的方法如下：

按 Ctrl+Enter 组合键分隔每个列表项，全部输入完成后，按 Enter 键确认。

（3）ListCount 属性：列表项的个数。

（4）ListIndex 属性：最后被选择表项的下标。如果没有选中任何列表项，则 ListIndex 属性的值为–1。

（5）MultiSelect 属性：是否可以选择多个列表项。

① 0：只能鼠标单击选择一项；

② 1：鼠标依次单击选择若干项；

③ 2：按下 Ctrl 键并单击鼠标，选择不连续的若干项；按下 Shift 键并单击鼠标，选择连续的若干项。

（6）Selected 属性：Select(i)表示下标为 i 的列表项是否被选择。

（7）AddItem 方法：添加单个列表项。格式如下：

列表名.AddItem "待添加内容"

（8）RemoveItem 方法：删除指定下标的列表项。格式如下：

列表名.RemoveItem "待删除项目的下标"

（9）Clear 方法：删除所有列表项。

（10）Click 事件：单击列表项时触发。

5. 组合框 ComboBox 控件

组合框控件 ComboBox 组合了文本框和列表框，可列出多个选项，还可以通过文本框输入数据。

常用成员如下：

（1）Style 属性：组合框的样式。

① 0：可在文本框中输入内容，列表可折叠；

② 1：简单式，可在文本框中输入内容，列表不可折叠；

③ 2：不可在文本框中输入内容，列表可折叠。

（2）Text 属性：文本框中的内容，可以是所选项目或直接输入的文本。

（3）Change 事件：文本框内容发生变化时触发。

6. 滚动条 ScrollBar 控件

滚动条 ScrollBar 控件分为水平滚动条 HScrollBar 控件和竖直滚动条 VScrollBar 控件。常用成员如下：

（1）Min 属性：水平滚动条左端点、垂直滚动条下端点的值。
（2）Max 属性：水平滚动条右端点、垂直滚动条上端点的值。
（3）Value 属性：滚动块所在位置的值，介于 Min 和 Max 之间。
（4）LargeChange 属性：单击滚动条空白处时，滚动块移动的距离。
（5）SmallChange 属性：单击滚动条两端时，滚动块移动的距离。
（6）Change 事件：滚动块的位置发生改变时触发。
（7）Scroll 事件：拖动滚动块时触发。

7. 计时器 Timer 控件

计时器控件 Timer 每隔固定时间自动触发某个事件，该控件程序运行时不可见。Timer 控件常用成员包括：

（1）Interval 属性：时间间隔，单位为毫秒。
（2）Enabled 属性：是否可用。
① False：停止计时。
② True：可以触发时钟事件。
（3）Timer 事件：每隔 Interval 指定的间隔，触发 Timer 事件。

三、实验内容

【实验 9-1】编写程序，要求在文本框中输入一段文字，用单选按钮设置文字的字体和颜色，用复选框设置文字的字形。

（1）界面设计：在窗体中添加 1 个标签 Label1，1 个文本框 Text1，6 个单选按钮 Option1～Option6 和 2 个复选框 Check1、Check2，调整它们的位置及大小，如图 9-1 所示。

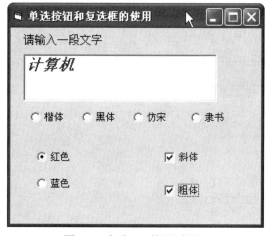

图 9-1 实验 9-1 的界面设计

(2) 按表 9-1 所示设置对象属性。

表 9-1 实验 9-1 程序中对象属性设置

对象	名称（Name）	属性	属性值
窗体	Form1	Caption	单选按钮和复选框的使用
标签	Label1	Caption	请输入一段文字
文本框	Text1	Text	空
单选按钮	Option1	Caption	楷体
单选按钮	Option2	Caption	黑体
单选按钮	Option3	Caption	仿宋
单选按钮	Option4	Caption	隶书
单选按钮	Option5	Caption	红色
单选按钮	Option6	Caption	蓝色
复选框	Check1	Caption	斜体
复选框	Check2	Caption	粗体

(3) 编写程序代码。

```
Private Sub Check1_Click( )
  Text1.FontItalic= _____
End Sub
Private Sub Check2_Click( )
  Text1.FontBold= _____
End Sub
Private Sub Option1_Click( )
  Text1.FontName="楷体_GB2312"
End Sub
Private Sub Option2_Click( )
  Text1.FontName="黑体"
End Sub
Private Sub Option3_Click( )
  Text1.FontName= _____
End Sub
Private Sub Option4_Click( )
  Text1.FontName="隶书"
End Sub
Private Sub Option5_Click( )
  Text1._____=QBColor(12)
End Sub
Private Sub Option6_Click( )
```

```
    Text1._____=QBColor(9)
End Sub
```

(4)运行程序，结果如图9-1所示。

【实验9-2】将实验9-1中的字体、颜色设置和字形设置改为框架结构实现，其窗体界面如图9-2所示。

(1)界面设计：修改实验9-1应用程序界面，将Form1的标题改为"框架的应用"。在Form1中添加3个框架Frame1～Frame3。

方法：同时选择Option1～Option4，单击工具栏中的"剪切"按钮，再选中框架Frame1，选择"粘贴"按钮，这样就可以把已有的控件放到Frame1中。

按照同样的方法，将Option5、Option6放到Frame2中，将Check1、Check2放到Frame3中。

(2)运行程序，结果如图9-2所示。

【实验9-3】编写程序，对列表框中的项目进行添加和删除操作。程序界面设计如图9-3所示。

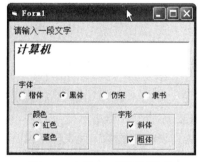

图9-2 实验9-2的运行结果

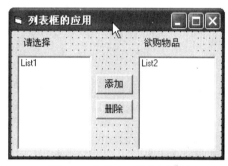

图9-3 实验9-3的界面设计

(1)界面设计：在窗体中添加2个标签Label1、Label2，2个命令按钮和2个列表框List1、List2，控件布局如图9-3所示。

(2)按表9-2所示设置对象属性。

表9-2 实验9-3程序中对象属性设置

对象	名称（Name）	属性	属性值
窗体	Form1	Caption	列表框的应用
列表框	List1		
列表框	List2		
标签	Label1	Caption	请选择
标签	Label2	Caption	欲购物品
命令按钮	CmdAdd	Caption	添加
命令按钮	CmdDelete	Caption	删除

(3)编写程序代码。

```
Private Sub Form_load( )
  List1.AddItem "彩电"
  List1.AddItem "电冰箱"
  List1.AddItem "洗衣机"
  List1.AddItem "微波炉"
End Sub
Private Sub CmdAdd_Click( )
  If List1.ListIndex<>-1 Then
     CmdAdd.Enabled=True       '只有列表框1中选定项目后,"添加"按钮才能操作
     List2.AddItem List1.Text
  End If
End Sub
Private Sub CmdDelete _Click( )
  If List2.ListIndex<>-1 Then
     CmdDelete.Enabled=True    '只有列表框2中选定项目后,"删除"按钮才能操作
     List2.RemoveItem List2.ListIndex
  End If
End Sub
```

图 9-4 实验 9-3 的运行结果

（4）运行程序，结果如图 9-4 所示。在左边的列表框中选择物品名称，单击"添加"按钮，将其追加到右边的列表框中；在右边的列表框中选定项目后，单击"删除"按钮，将其从列表框中删除。列表框中没有项目被选中时，"添加"和"删除"按钮不可操作。

思考：

① 如果要将每次添加的项目放在列表框中的第一位，程序应如何修改？

② 如果要在 List1 中增加一项"消毒柜"并放在第三项，程序应如何修改？

【实验 9-4】编写代码，用户通过鼠标在组合框中选取类别，在右边显示的简单组合框中选择喜欢的书，下方即可显示出用户具有的相应性格，程序运行后如图 9-5 所示。

（1）界面设计：在窗体中添加 1 个标签 Label1，2 个框架 Frame1、Frame2，2 个组合框 Combo1、Combo2 和 1 个命令按钮，控件布局如图 9-5（a）所示。

（2）按表 9-3 所示设置对象属性。

表 9-3 实验 9-4 程序中对象属性设置

对象	名称（Name）	属性	属性值
窗体	Form1	Caption	测试你的性格
标签	Label1	Caption	请输入一段文字
框架	Frame1	Caption	选择你喜欢的书
框架	Frame2	Caption	性格特征

续表

对象	名称（Name）	属性	属性值
组合框	Combo1	Text	空白
		Style	0
组合框	Combo2	Text	空白
		Style	1
命令按钮	Command1	Caption	退出

（3）编写程序代码。

```
Private Sub Form_Load( )
  Combo1.AddItem "小说"
  Combo1.AddItem "诗歌"
End Sub
Private Sub Combo1_Click( )
  Select Case Combo1.Text            '此为多分支选择结构
    Case "小说"
      Combo2.Clear
      Combo2.AddItem "平凡的世界"
      Combo2.AddItem "金粉世家"
      Combo2.AddItem "红楼梦"
      Combo2.AddItem "笑傲江湖"
    Case "诗歌"
      Combo2.Clear
      Combo2.AddItem "致橡树"
      Combo2.AddItem "年轻的思绪"
      Combo2.AddItem "再别康桥"
  End Select
End Sub
Private Sub Combo2_Click( )
  If Combo1.Text="小说" Then
    Label1.Caption="你是一个具有丰富内涵的人"
  End If
  If Combo1.Text="诗歌" Then
    Label1.Caption="你是一个具有丰富想象力、崇尚浪漫的人"
  End If
End Sub
Private Sub Command1_Click( )
  End
End Sub
```

（4）运行程序，结果如图 9-5（b）所示。

图 9-5 实验 9-4 的运行结果
（a）选择喜欢的书；（b）显示用户具有的性格特征

【实验 9-5】设计一个通过滚动条调整颜色的程序，程序运行结果如图 9-6 所示。当单击三个滚动条两端的箭头按钮、拖动滚动条上的滑块或滚动条上的滑杆时，可以调整 RGB( )函数中对应的颜色值，从而在"预览"框中显示不同的颜色；而单击两个命令按钮可设置文字的颜色和背景色。

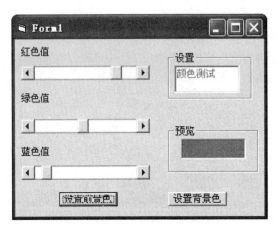

图 9-6 实验 9-5 的运行结果

（1）界面设计：在窗体中添加 3 个标签 Label1～Label3，3 个水平滚动条 Hscroll1～Hscroll3，2 个框架 Frame1、Frame2，2 个文本框 Text1、Text2 和 2 个命令按钮。控件布局如图 9-6 所示。

（2）按表 9-4 所示设置对象属性。

表 9-4 实验 9-5 程序中对象属性设置

对象	名称（Name）	属性	属性值
标签	Label1	Caption	红色值
标签	Label2	Caption	绿色值
标签	Label3	Caption	蓝色值
框架	Frame1	Caption	设置

续表

对象	名称（Name）	属性	属性值
框架	Frame2	Caption	预览
文本框	Text1	Text	颜色测试
文本框	Text2	Text	空白
滚动条	HScroll1	Max	255
滚动条	Hscroll2	SmallChange	8
滚动条	Hscroll3	LargeChange	32
命令按钮	Command1	Caption	设置前景色
命令按钮	Command2	Caption	设置背景色

（3）编写程序代码。

```
Dim red As Integer,green As Integer,blue As Integer    '在通用声明区中输入
Private Sub Command1_Click( )                          '设置前景色
    Text1.ForeColor=Text2.BackColor
End Sub
Private Sub Command2_Click( )                          '设置背景色
    Text1.BackColor=Text2.BackColor
End Sub
Private Sub HScroll1_Change( )
    red=HScroll1.Value
    green=HScroll2.Value
    blue=HScroll3.Value
    Text2.BackColor=RGB(red,green,blue)
End Sub
Private Sub HScroll2_Change( )
    red=HScroll1.Value
    green=HScroll2.Value
    blue=HScroll3.Value
    Text2.BackColor=RGB(red,green,blue)
End Sub
Private Sub HScroll3_Change( )
    red=HScroll1.Value
    green=HScroll2.Value
    blue=HScroll3.Value
    Text2.BackColor=RGB(red,green,blue)
End Sub
```

（4）运行程序，结果如图 9-6 所示。

【实验 9-6】设计一个电子滚动屏幕，如图 9-7 所示。单击"滚动显示文本"按钮，"Visual Basic 程序设计"的文字在窗体内自左向右反复滚动显示，同时按钮上的标题改为"停止滚动"；

图 9-7 实验 9-6 的界面设计

单击"停止滚动"按钮,文字将停止移动,此时按钮上的标题改为"滚动显示文本"。

(1)界面设计:在窗体中添加 1 个标签 Label1、1 个命令按钮和 1 个定时器 Timer1。

(2)设置对象属性:将标签的 Caption 属性设置为"Visual Basic 程序设计",AutoSize 属性设置为 True,Font 属性设置为宋体、加粗、二号。Command1 的 Caption 属性设置为"滚动显示文本"。Timer1 的 Interval 属性设置为 10,Enabled 属性设置为 False。

(3)编写程序代码。

```
Private Sub Command1_Click( )
  Timer1.Enabled=Not Timer1.Enabled
  If Command1.Caption="滚动显示文本" Then
    Command1.Caption="停止滚动"
  Else
    Command1.Caption="滚动显示文本"
  End If
End Sub
Private Sub Timer1_Timer( )
  Label1.Left=Label1.Left-10
  If Label1.Left<=Label1.Width Then
    Label1.Left=form1.Width
  End If
End Sub
```

(4)运行程序,结果如图 9-8 所示。

图 9-8 实验 9-6 的运行结果

实验 10 文　　件

一、实验目的

1. 了解文件的基本概念。
2. 了解文件的分类，掌握顺序文件、随机文件的概念和特点。
3. 掌握顺序文件、随机文件的读/写操作语句。
4. 掌握文件的打开、关闭，以及与之有关的文件操作语句和函数。
5. 掌握驱动器、目录、文件列表框控件的属性、常用事件和方法。
6. 掌握文件和目录操作语句和函数的使用方法。
7. 掌握文件系统控件在应用程序中的应用。

二、相关知识

1. 文件及其分类

Visual Basic 文件由记录组成，记录由字段组成，字段由字符组成。文件的分类有两种方式：

（1）按文件的结构和访问方式划分。

① 顺序文件：即普通的文本文件，按顺序存放。

② 随机文件：每个记录的长度相同，可按任意次序读写。

（2）按编码方式划分。

① ASCII 文件：以字符的 ASCII 方式保存文件。

② 二进制文件：直接把二进制码存放在文件中，对文件中各字节数据可以直接进行存取。

2. 文件的打开与关闭

（1）打开/新建文件语句格式。

```
Open 文件说明 [For 方式] [Access 存取类型] [锁定] As [#]文件号 [Len=记录长度]
```

说明：

① For 方式包括 Input、Output、Append、Random、Binary，默认方式为 Random。

② 采用 Input 方式打开文件，若文件不存在，则产生"文件未找到"的错误提示。

③ 采用 Output、Append、Random 等方式打开文件，若文件不存在，则建立一个文件，并打开它。

（2）关闭文件语句格式。

```
Close [[#]文件号][,[#]文件号]…
```

3. 文件指针

（1）实现文件指针定位操作的语句格式。

```
Seek #文件号,位置
```

（2）返回文件指针在文件中的当前位置的函数格式。

```
Seek(文件号)
```

（3）Seek 语句说明。

Seek 对于随机文件，返回下一个要写入或读出的记录号；对于顺序文件，返回下一个要写入或读出的字节位置。

4. 文件函数

（1）FreeFile 函数。

用 FreeFile 函数可以得到一个在程序中没有使用的文件号。

（2）Loc 函数。

格式：Loc(文件号)

Loc 函数返回由"文件号"指定的文件的当前读写位置。格式中的"文件号"是在 Open 语句中使用的文件号。

（3）LOF 函数。

格式：LOF(文件号)

LOF 函数返回给文件分配的字节数（即文件的长度）。

（4）EOF 函数。

格式：EOF(文件号)

EOF 函数用来测试文件的结束状态。"文件号"的含义同前。利用 EOF 函数，可以避免在文件输入时出现"输入超出文件尾"错误。

5. 顺序文件操作语句

（1）顺序文件的写操作。

① Print #语句。

格式：Print #文件号,[[Spc(n)|Tab(n)][表达式表][;|,]]

② Write #语句。

格式：Write #文件号,表达式表

（2）顺序文件的读操作。

① Input #语句。

格式：Input #文件号,变量表

② Line Input #语句。

格式：Line Input #文件号,字符串变量

（3）Input$( )函数。

格式：Input$(n,#文件号)

6. 随机文件操作语句

随机文件的写语句格式：Put #文件号,[记录号],变量
随机文件的读语句格式：Get #文件号,[记录号],变量

7. 驱动器列表框控件

驱动器列表框是下拉式列表框，在程序执行期间，驱动器列表框中显示系统拥有的驱动器名称。在一般情况下，显示当前的磁盘驱动器名称。驱动器列表框的 Drive 属性用来设置或返回所选择的驱动器名。Drive 属性只能用程序代码设置。每次重新设置 Drive 属性时，都将引发 Change 事件。

8. 目录列表框控件

目录列表框是下拉式列表框，显示当前驱动器上的目录结构。目录列表框控件的 Path 属性用来设置或返回当前驱动器的路径。该属性只能用程序代码设置。当 Path 属性改变时，将引发 Change 事件。

9. 文件列表框控件

文件列表框显示当前目录下的文件。

10. 驱动器列表框、目录列表框、文件列表框的同步操作

驱动器列表框、目录列表框、文件列表框的同步操作，通过 Path 属性的改变引发 Change 事件来实现。

格式一：
```
Private Sub Drive1_Change( )
  Dir1.Path=Drive1.Drive
  Dir1.Refresh
End Sub
```

格式二：
```
Private Sub Dir1_Change( )
  File1.Path=Dir1.Path
  File1.Refresh
End Sub
```

11. 文件的基本操作

① 删除文件语句格式：Kill 文件名
② 拷贝文件语句格式：FileCopy 源文件名,目标文件名
③ 文件（目录）重命名语句格式：Name 源文件名 As 新文件名
④ 改变当前的目录或文件夹语句格式：ChDir 路径
⑤ 改变当前驱动器语句格式：ChDrive 驱动器名
⑥ 创建一个新的目录或文件夹语句格式：MkDir 路径
⑦ 删除一个存在的目录或文件夹语句格式：RmDir 路径
⑧ 为一个文件设置属性语句格式：SetAttr 文件名,属性值

三、实验内容

【实验 10-1】用顺序文件写语句实现数据的保存。

(1) 编写程序代码:

```
Private Sub Form_Click( )
  Dim a1 As Integer,a2 As Integer,a3 As Integer    '定义变量
  Dim a4 As Integer,a5 As Integer,a6 As Integer
  Dim a7 As Integer
  Open "c:\hi.txt" For Output As #1                '打开文件
  a1=11:a2=22:a3=33
  a4=44:a5=55:a6=66
  a7=77
  Print #1,a1,a2,a3,a4,a5,a6,a7                    '逗号分隔
  Print #1,a1;a2;a3;a4;a5;a6;a7                    '分号分隔
  Write #1,a1,a2,a3,a4,a5,a6,a7
  Close #1
End Sub
```

(2) 运行程序,数据写入"c:\hi.txt"文件。

说明:

该程序使用 Output 方式建立(打开)顺序文件,使用 Print 和 Write 语句把数值数据写入文件中,其中 Print 语句采用了两种写入格式。

思考:使用记事本打开建立的文件,观察文件内容,回答下列问题:

① 当 Print 语句采用逗号为分隔符时,数据写入文件的格式是_____格式。
② 当 Print 语句采用分号为分隔符时,数据写入文件的格式是_____格式。
③ 使用 Write 语句把数据写入文件时,写入的格式是_____格式。
④ 对于数值型数据,用 Print 和 Write 语句写入文件后,数值型数据的具体格式是什么?

【**实验 10-2**】用顺序文件写语句实现字符的保存。

(1) 编写程序代码:

```
Private Sub Form_Click( )
  Dim a1 As String, a2 As String,a3 As String      '定义变量
  Dim a4 As String
  Open "c:\character.txt" For Output As #1         '打开文件
  a1="bei jing":a2="he bei"
  a3="tai jin":a4="he nan"
  Print #1,a1,a2,a3,a4                             '逗号分隔
  Print #1,a1;a2;a3;a4                             '分号分隔
  Write #1,a1,a2,a3,a4
  Close #1
End Sub
```

(2) 运行程序,数据写入"c:\character.txt"文件。

思考:

使用记事本打开建立的文件,观察文件内容,思考使用 Print 和 Wirte 语句写入的字符型数据的区别是什么?

【实验 10-3】从键盘输入 4 本书的数据，包括书名、出版社、作者、价格信息，并保存为磁盘文件。书的数据用记录类型来定义。

（1）界面设计：在工程中添加 1 个标准模块和 1 个窗体。在窗体上添加 4 个标签、4 个文本框、2 个命令按钮，如图 10-1 所示。在标准模块中定义记录类型。

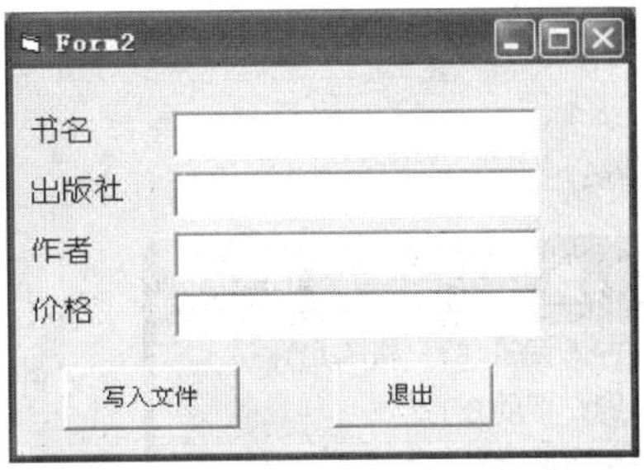

（2）设置对象属性，见表 10-1。

图 10-1　实验 10-3 的界面设计

表 10-1　实验 10-3 程序中对象属性设置

对象	名称（Name）	属性	属性值
标签	Label1	Caption	书名
标签	Label2	Caption	出版社
标签	Label3	Caption	作者
标签	Label4	Caption	价格
文本框	Text1~Text 4	Text	空
命令按钮	Command1	Caption	写入文件
命令按钮	Command2	Caption	退出
标准模块	Module1		

（3）编写程序代码。

```
'标准模块中的代码
Type book
  bookname As String*20
  publisher As String*8
  writer As String*4
  price As Single
End Type
'窗体模块中的代码
Private Sub Command1_Click( )
  Dim bookinfo As book
  Open "d:\book.txt" For Append As #1
  bookinfo.bookname=Text1.Text
  bookinfo.publisher=Text2.Text
  bookinfo.writer=Text3.Text
  bookinfo.price=Val(Text4.Text)
  Write #1,bookinfo.bookname,bookinfo.publisher,bookinfo.writer, _
  bookinfo.price
  Close #1
End Sub
```

```
Private Sub Command2_Click( )
  End
End Sub
```

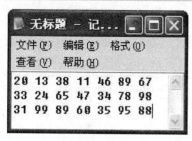

图 10-2 原始数据

（4）运行程序，界面如图 10-1 所示。填写图书信息，单击"写入文件"按钮，将输入的信息写入"d:\book.txt"文件。

【实验 10-4】用记事本建立一个文本文件 data.txt，在该文件中输入 21 个整数，数据如图 10-2 所示。编写程序，从 data.txt 文件中读出数据，对其中的偶数进行累加运算，并且输出原始数据和运算结果。

（1）分析：

① 从顺序文件中读取数据，采用的语句应为 Input 语句。

② 从顺序文件中读取多个数据，若已知读取数据的个数，可使用 For 循环。若读取全部数据，可使用 EOF( )函数作为测试条件，进行读取。

（2）编写程序代码。

方法一：

```
Option Base 1
Private Sub Form_Click( )
  Dim n As Integer,a(21) As Integer,i as Integer
  Open App.Path+"\data.txt" For Input As #1
  For i=1 To 21
    Input #1,a(i)
    Print a(i);
  Next i
  Print
  n=0
  For i=1 To 21
    If a(i) Mod 2=0 Then
      n=n+a(i)
    End If
  Next i
  Print n
  Close #1
End Sub
```

方法二：

```
Option Base 1
Private Sub Form_Click( )
  Dim b(21) As Integer,m As Integer,i as Integer
  Open App.Path+"\data.txt" For Input As #1
  i=1
```

```
     While Not EOF(1)
       Input #1,b(i)
       Print b(i);
       i=i+1
     Wend
     Print
     m=0
     For i=1 To 21
       If b(i) Mod 2=0 Then
         m=m+b(i)
       End If
     Next i
     Print m
     Close #1
   End Sub
```

注意：

App 是 Visual Basic 中的系统对象，程序中 App.path 代表的是当前软件的运行文件夹。在当前的应用程序和生成可执行程序时，应保存在同一个文件夹中，这个文件夹可用 App.path 得到。

思考：

① 方法一和方法二的区别是什么？

② 程序中使用了 EOF( ) 函数，该函数能完成什么功能？

【实验 10-5】从键盘输入 4 个学生的数据，学生的数据包括学号、姓名、数学、语文、英语、计算机等信息，并保存为磁盘文件 student.dat，从文件中读取数据显示在图片框中。

分析：

① 使用 Type…End Type 语句将学生信息定义为记录类型。学号为字符串类型，姓名为字符串类型，数学、语文、英语、计算机为整型。

② 打开随机文件的存取方式为 Random。

（1）界面设计：在工程中添加 1 个窗体，窗体上添加 1 个图片框和 2 个命令按钮。

（2）设置对象属性，见表 10-2。

表 10-2　实验 10-5 程序中对象属性设置

对象	名称（Name）	属性	属性值
窗体	Form1	Caption	随机文件读写练习
图片框	Picture1		
命令按钮	Command1	Caption	输入数据
命令按钮	Command2	Caption	显示数据

（3）编写程序代码。

'在窗体通用声明部分的代码

```vb
Private Type stu
    stunum As String*8
    stuname As String*6
    maths As Integer
    chinese As Integer
    english As Integer
    computer As Integer
End Type
Dim recordnum As Integer
Dim student As stu
'窗体上控件的事件代码
Private Sub Command1_Click( )
    Static i As Integer
    Dim answer As String *1
    Open "d:\vbexample\student.dat" For Random As #1 Len=Len(student)
    Do
      i=i+1
      student.stunum=InputBox("请输入学号")
      student.stuname=InputBox("请输入姓名")
      student.maths=Val(InputBox("请输入数学成绩"))
      student.chinese=Val(InputBox("请输入语文成绩"))
      student.english=Val(InputBox("请输入英语成绩"))
      student.computer=Val(InputBox("请输入计算机成绩"))
      Put #1,i,student
      answer=InputBox("继续输入吗?(Y/N)")
    Loop While UCase$(answer)="Y"
    Close #1
End Sub
Private Sub Command2_Click( )
    Picture1.Cls
    Picture1.Print Space(2);"学号";Space(8);"姓名";Space(6);"数学"; Space(2); _
"语文";Space(2);"英语";Space(2);"计算机"
    Open "d:\student.dat" For Random As #1 Len=Len(student)
    recordnum=LOF(1)/Len(student)
    For j=1 To recordnum
      Get #1,j,student
      Picture1.Print Trim(student.stunum);Space(2);RTrim(student.stuname); _
      Space(2); student.maths; Space(2);student.chinese;Space(2); _
        student.english;Space(2);student.computer
    Next j
    Close #1
```

End Sub

思考：

① 本题中随机文件的读取采用了哪种方法？

② 随机文件通过记录号读取，是否也可以使用 EOF( )函数作为测试条件构造循环实现数据读取呢？若可以，请写出读取数据的代码；若不能，请说明原因。

③ 若省略 Get 语句中的记录号选项，则 Get 语句的格式如何书写？其实现什么功能？

【实验 10-6】编写程序，其界面设计如图 10-3 所示。选择一个文本文件，该文件名显示在 Text2 文本框中，文件所在目录显示在 Text3 文本框中。单击"打开文件"按钮，文件内容显示在 Text1 文本框中，修改文件后，在 Text2 中输入新名称，单击"保存文件"按钮，实现更名保存。

图 10-3 实验 10-6 的界面设计

分析：

① 利用文件系统控件实现文件的选择，如驱动器列表框、目录列表框、文件列表框。

② 文件的打开和保存要使用打开文件命令（Open）、写入命令、读出命令、关闭文件命令（Close）。由于本题对文本文件进行操作，所以可以采用顺序文件格式。写入命令为 Print，读出命令为 Input。

（1）界面设计：在工程中添加 1 个窗体，在窗体上添加 2 个标签、3 个文本框、1 个驱动器列表框、1 个目录列表框、1 个文件列表框、1 个组合框（Style 值为 2）、2 个命令按钮控件，界面设计如图 10-3 所示。

（2）设置对象属性，见表 10-3。

表 10-3 实验 10-6 程序中对象属性设置

对象	名称（Name）	属性	标题（Caption）
标签	Label1	Caption	文件名：
标签	Label2	Caption	文件夹名：
驱动器列表框	Drive1		
目录列表框	Dir1		
文件列表框	File1		

续表

对象	名称（Name）	属性	标题（Caption）
文本框	Text1	ScrollBar=3-Both MultiLine=True	
组合框	Combo1		
命令按钮	Command1	Caption	打开文件
命令按钮	Command2	Caption	保存文件

（3）编写程序代码。

```
Private Sub Form_Load( )
  Text1.Text=""
  Text2.Text=""
  Text3.Text=""
End Sub
Private Sub Drive1_Change( )
  Dir1.Path=Drive1.Drive
  Text2.Text=""
  Dir1.Refresh
End Sub
Private Sub Dir1_Change( )
  File1.Path=Dir1.Path
  Text3.Text=Dir1.Path
  Text2.Text=""
  File1.Refresh
End Sub
Private Sub File1_Click( )
    Text2.Text=File1.FileName
End Sub
Private Sub Combo1_Click( )
    File1.Pattern=Combo1.Text
End Sub
Private Sub Command1_Click( )
  Dim name As String,data As String
  Text1.Text=""
  data=""
  name=""
  If Right(Text3.Text,1)="\" Then
    name=Text3.Text+Text2.Text
  Else
    name=Text3.Text+"\"+Text2.Text
  End If
  Open name For Input As #1
```

```
    Do While Not EOF(1)
      Line Input #1,data
      If Text1.Text="" Then
         Text1.Text=Text1.Text+data
      Else
         Text1.Text=Text1.Text+Chr(13)+Chr(10)+data
      End If
    Loop
    Close #1
End Sub
Private Sub Command2_Click( )
  Dim name As String,data As String
  If Right(Text3.Text,1)="\" Then
    name=Text3.Text+Text2.Text
  Else
    name=Text3.Text+"\"+Text2.Text
  End If
  Open name For Output As #1
  Print #1,Text1.Text
  Close #1
  File1.Refresh
End Sub
```

注意：

在程序中出现了文件夹分隔符的判断。因为，当文件处于某磁盘的根文件夹时，出现了"盘符:\"的形式，此时若用 Text3.Text+Text2.Text，正好构成一个完整的路径。若不处于某磁盘的根文件夹，则必须在 Text3.Text 和 Text2.Text 之间加入"\"符号，才能构成一个完整的路径。

【实验 10-7】建立应用程序，在程序中有 3 个窗体，如图 10-4～图 10-6 所示。该程序的功能是实现可执行文件的执行（即扩展名为.exe 或.com 的文件）、文件或文件夹的删除、文件重命名、复制操作。

图 10-4 实验 10-7 的界面设计

图 10-5 重命名窗体

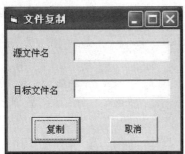

图 10-6 复制窗体

分析:
① 由于使用驱动器列表框、目录列表框、文件列表框,因此使用到了驱动器列表框、目录列表框、文件列表框的同步操作。
② 文件的执行可以使用 Shell( ) 函数来实现。
③ 文件和文件夹的删除要使用 Kill 和 Rmdir 命令实现。
④ 文件的复制可以使用 FileCopy 命令实现。
⑤ 文件的重命名使用 Name 命令实现。

(1) 界面设计:在工程中添加 3 个窗体,并在每个窗体上添加如图 10-4~图 10-6 所示的控件。在 Form3 中添加 1 个驱动器列表框、1 个目录列表框、1 个文件列表框、1 个组合框、4 个命令按钮。在重命名窗口中添加 2 个标签、2 个文本框、2 个命令按钮。在文件复制窗口中添加 2 个标签、2 个文本框、2 个命令按钮。

(2) 设置对象属性,见表 10-4。

表 10-4 实验 10-7 程序中对象属性设置

对象	名称(Name)	属性	属性值
驱动器列表框	Drive1		
目录列表框	Dir1		
文件列表框	File1		
组合框	Combo1		
命令按钮	Command1	Caption	执行文件
命令按钮	Command2	Caption	删除
命令按钮	Command3	Caption	改名
命令按钮	Command4	Caption	复制文件
窗体	Form2	Caption	重命名
文本框	Text1、Text2	Text	空
标签	Label1	Caption	源文件名
标签	Label2	Caption	目标文件名
命令按钮	Command1	Caption	重命名
命令按钮	Command2	Caption	取消
窗体	Form3	Caption	复制文件

(3) 编写程序代码。

```
'窗体 1 的程序代码
Private Sub Form_Load( )
  Combo1.Text="*.*"
End Sub
Private Sub Drive1_Change( )
  Dir1.Path=Drive1.Drive
```

```
End Sub
Private Sub Dir1_Change()
  File1.Path=Dir1.Path
End Sub
Private Sub Combo1_Click()
  File1.Pattern=Combo1.Text
End Sub
Private Sub Command1_Click()
  x=Shell(File1.Path+"\"+File1.FileName,1)
End Sub
Private Sub Command2_Click()
  If File1.FileName<>"" Then
    If MsgBox("是否删除该文件")=1 Then
      Kill File1.Path+"\"+File1.FileName      '删除选择的文件
      File1.Refresh
    End If
  Else
    If MsgBox("是否删除该文件夹")=1 Then
      RmDir Dir1.List(Dir1.ListIndex)          '删除选择的文件夹
      Dir1.Refresh
    End If
  End If
End Sub
Private Sub Command3_Click()
  Form2.Show
End Sub
Private Sub Command4_Click()
  Form3.Show
End Sub
'窗体2的程序代码
Private Sub Command1_Click()
  If Right(Form1.Dir1.Path,1)="\" Then
    Name Text1.Text As Form1.Dir1.Path+Text2.Text
  Else
    Name Text1.Text As Form1.Dir1.Path+"\"+Text2.Text
  End If
End Sub
Private Sub Command2_Click()
  Unload Form2
End Sub
Private Sub Form_Load()
```

```
    If Right(Form1.Dir1.Path,1)="\" Then
       Text1.Text=Form1.Dir1.Path+Form1.File1.FileName
    Else
       Text1.Text=Form1.Dir1.Path+"\"+Form1.File1.FileName
    End If
End Sub
'窗体 3 的程序代码
Private Sub Command1_Click( )
   FileCopy Text1.Text,Text2.Text
End Sub
Private Sub Command2_Click( )
   Unload Form3
End Sub
Private Sub Form_Load( )
   If Right(Form1.Dir1.Path,1)="\" Then
      Text1.Text=Form1.Dir1.Path+Form1.File1.FileName
   Else
      Text1.Text=Form1.Dir1.Path+"\"+Form1.File1.FileName
   End If
End Sub
```

（4）运行程序，选择文件，实现可执行文件的执行（即扩展名为.exe 或.com 的文件）、文件或文件夹的删除、文件重命名、复制操作。

思考：

① 文件按数据的存储方式和结构分类，有哪几类？各自的特点是什么？
② 比较顺序文件中实现写操作的 Print #和 Write #语句的异同。
③ 比较顺序文件中实现读操作的 Input #和 Line Input #语句的异同。
④ 简述驱动器列表框、目录列表框、文件列表框的作用。
⑤ 文件的基本操作主要包括哪些？

实验 11 界 面 设 计

一、实验目的

1. 掌握使用通用对话框进行编程的方法。
2. 掌握窗口菜单、弹出式菜单和实时菜单的设计方法。
3. 掌握工具栏、图像列表框控件的使用。
4. 掌握 RichTextBox 控件的使用。
5. 综合应用所学的知识,编制具有可视化界面的应用程序。

二、相关知识

1. 通用对话框控件

(1) 通用对话框控件的加载:选择"工程"菜单中的"部件"命令,弹出"部件"对话框,在"控件"选项卡中选中"Microsoft Common Dialog Control 6.0"选项,然后单击"确定"按钮,通用对话框控件即被加载到控件工具箱中。

(2) 通用对话框控件的使用。

① 调用方法的格式:

```
通用对话框名称.ShowOpen      '显示"打开"对话框
通用对话框名称.ShowSave      '显示"保存"对话框
通用对话框名称.ShowColor     '显示"颜色"对话框
通用对话框名称.ShowFont      '显示"字体"对话框
通用对话框名称.ShowPrinter   '显示"打印"对话框
通用对话框名称.ShowHelp      '显示"帮助"对话框
```

② 设置 Action 属性值:

```
通用对话框名称.Action=1      '显示"打开"对话框
通用对话框名称.Action=2      '显示"保存"对话框
通用对话框名称.Action=3      '显示"颜色"对话框
通用对话框名称.Action=4      '显示"字体"对话框
通用对话框名称.Action=5      '显示"打印"对话框
通用对话框名称.Action=6      '显示"帮助"对话框
```

(3) 通用对话框控件的使用步骤。

① 在窗体中添加"通用对话框"控件。

② 在"属性页"对话框中设置通用对话框的属性值,或在程序代码中使用赋值语句直接给相应的属性赋值。

③ 通过调用对话框控件的方法来显示相应的对话框，或通过设置对话框控件的 Action 属性值来实现显示相应的对话框。

（4）通用对话框控件的 Flags 属性值的设置方法。

格式：对象名称.Flags=值

2．菜单编辑器

菜单可分为两种类型：下拉式菜单和弹出式菜单。

Visual Basic 使用"菜单编辑器"设计菜单。

（1）菜单编辑器的打开。

在设计状态下，打开窗体设计器窗口，在工具栏中单击按钮，可以打开菜单编辑器。

（2）菜单编辑器的使用。

① 标题 Caption 属性：菜单项的标题。

② 名称 Name 属性：菜单项的名称。

③ 索引 Index 属性：菜单控件数组下标。

④ 快捷键：为菜单项选择一个快捷键。

⑤ 复选 Checked 属性：菜单项是否有复选标志"√"。

⑥ 有效 Enabled 属性：菜单项是否可用。

⑦ 可见 Visible 属性：菜单项是否可见。

⑧ "下一个"：编辑下一个菜单项。

⑨ "插入""删除"：插入、删除一个菜单项。

⑩ "↑""↓"：菜单项的位置上下移动；"→""←"：调整菜单项的级别。

3．下拉菜单

（1）下拉菜单的设计。

使用菜单编辑器设计下拉菜单。

（2）下拉菜单的使用。

每个菜单项作为单独的对象，其 Click 事件在单击选择菜单项时触发。

4．弹出式菜单的设计和使用

（1）弹出式菜单的设计。

在菜单编辑器中添加菜单项，将主菜单项设置为不可见。

（2）弹出式菜单的显示。

通常在鼠标抬起 MouseUp 事件中使用 PopupMenu 方法显示该主菜单项下的子菜单。格式如下：

对象.PopupMenu 弹出式菜单名

（3）弹出式菜单的使用。

每个弹出式菜单的子菜单项都是一个单独对象，对其 Click 事件编程，菜单项就可以响应用户的单击操作了。

5. ImageList 控件

ImageList 控件 可以为 ToolBar 控件提供一组图片，ImageList 控件运行时不可见。

（1）ImageList 控件的添加。

可以选择"Microsoft Windows Common Controls 6.0"部件选项添加 ImageList 控件。

（2）ImageList 控件的成员。

右击 ImageList 控件，可以设置其属性。

① "图像"属性页可以添加图片。通过选择"插入图片"来添加图片。

② 每个图片有一个"索引"属性，通常使用图片的索引号将这个图片与工具栏中的按钮联系起来。

6. ToolBar 控件

ToolBar 控件 可以完成工具栏的设计。

（1）ToolBar 控件的添加。

可以选择"Microsoft Windows Common Controls 6.0"部件选项添加 ToolBar 控件到工具箱中。

（2）ToolBar 控件的成员。

在 ToolBar 控件上右击，选择"属性"命令可以设置其属性。

① "通用"属性页。选择"图像列表"中的 ImageList 控件名称，设定哪个 ImageList 控件为工具栏提供图片。

② "按钮"属性页。其常用属性如下：

标题 Caption 属性：按钮上的文本。

索引 Index 属性：按钮的下标，从 1 开始。

图像 Image 属性：按钮显示的图片在 ImageList 中的索引。

关键字 Key 属性：按钮的唯一标识，字符串类型。

提示文本 ToolTipText 属性：鼠标停留在按钮表面时显示的文本。

（3）ToolBar 控件的使用。

用户单击工具栏中任何按钮都会触发 ButtonClick( )事件。

7. CommonDialog 控件

通用对话框控件 CommonDialog 可以显示为"打开""另存为""字体"和"颜色"等对话框。

可以使用以下方法显示不同种类的对话框：

（1）ShowOpen 方法：显示"打开"对话框。

（2）ShowSave 方法：显示"另存为"对话框。

（3）ShowColor 方法：显示"颜色"对话框。

（4）ShowFont 方法：显示"字体"对话框。

8. "打开"和"另存为"对话框

"打开"对话框与"另存为"对话框的常用属性如下：

（1）Filter 属性。

指定显示的文件类型。

（2）FileName 属性。

用户在对话框中选择打开的文件的路径名和文件名。

（3）DialogTitle 属性。

设置对话框的标题，打开文件对话框标题默认为"打开"。

（4）InitDir 属性。

设置对话框的初始文件目录。

（5）CancelError 属性。

设置用户单击"取消"按钮时是否产生错误。

9."颜色"对话框

"颜色"对话框常用的属性如下：

（1）Color 属性。

在对话框中选择的颜色。

（2）Flag 属性。

Flag 属性决定对话框外观。

10."字体"对话框

"字体"对话框常用的属性如下：

（1）FontName 属性：所选字体。

（2）FontSize 属性：所选字号。

（3）FontBold 属性：是否粗体。

（4）FontItalic 属性：是否斜体。

（5）FontStrikeThru 属性：是否有"删除线"。

（6）FontUnderLine 属性：是否有"下划线"。

（7）Color 属性：选定的字体颜色（必先将 Flags 属性设置为 cdlCFEffects）。

11. RichTextBox 控件

RichTextBox 控件功能比 TextBox 控件更高级，它可将内容保存成.rtf 格式的文件。

（1）RichTextBox 控件的添加。

在"部件"中选择"Microsoft Rich TextBox Control 6.0"选项。

（2）RichTextBox 控件的常用成员。

① SaveFile 方法：保存文件，参数是保存文件路径和文件名，扩展名为.rtf。

② LoadFile 方法：打开文件，参数为指定的文件路径和文件名。

三、实验内容

【实验 11-1】编写应用程序，利用通用对话框控件打开文件。要求：单击"浏览图片"命令按钮时，弹出"打开"对话框，从中选择一个*.bmp 文件，单击"确定"按钮，选定图片显示在图片框中。

（1）界面设计：窗体设计器中添加 1 个通用对话框控件 Commondialog1、3 个命令按钮、1 个图形框控件 Picture1。调整它们在窗体中的位置和大小，界面设计如图 11-1 所示。

（2）按表 11-1 所示设置对象属性。

表 11-1　实验 11-1 程序中对象属性设置

对象	名称（Name）	属性	属性值
图形框	Picture1		
命令按钮	Command1	Caption	浏览图片
命令按钮	Command2	Caption	清除
命令按钮	Command3	Caption	退出
通用对话框控件	Commondialog1		

（3）编写程序代码。

```
Private Sub Command1_Click( )
  CommonDialog1.FileName=""
  CommonDialog1.Filter="All Files|*.*|(*.bmp)|*.bmp"
  CommonDialog1.FilterIndex=2
  CommonDialog1.DialogTitle="Open File(*.bmp)"
  CommonDialog1.Flags=1
  CommonDialog1.Action=1
  Picture1.Picture=LoadPicture(CommonDialog1.FileName)
End Sub
Private Sub Command3_Click( )
  End
End Sub
Private Sub Command2_Click( )
  Picture1.Picture=LoadPicture( )
End Sub
```

（4）运行程序，单击"浏览图片"按钮，选择图片浏览。

思考：

该程序使用通用对话框控件的 Action 属性为 1 弹出"打开"对话框，还可以使用通用对话框控件的＿＿＿＿方法弹出"打开"对话框。

【实验 11-2】编写一个应用程序，使用通用对话框控件实现保存文件功能。程序界面如图 11-1 所示。要求：单击"保存文件"按钮，弹出"保存"对话框。在"保存"对话框中指定文件的保存位置，填入文件的名称。单击"确定"按钮，将文本框中的内容保存到指定的文件中去。单击"清除"按钮，清除文本框中的内容。单击"退出"按钮，退出该应用程序。

图 11-1　实验 11-2 的界面设计

（1）界面设计：在窗体设计器中添加 1 个通用对话框控件 Commondialog1、3 个命令按钮、1 个文本框控件 Text1。调整它们在窗体中的位置和大小，界面设计如图 11-2 所示。

（2）按表 11-2 所示设置对象属性。

表 11-2 实验 11-2 程序中对象属性设置

对象	名称（Name）	属性	属性值
窗体	Form1	Caption	保存对话框练习
文本框	Text1	Text	空
命令按钮	Command1	Caption	保存文件
命令按钮	Command2	Caption	清除
命令按钮	Command3	Caption	退出
通用对话框控件	Commondialog1		

（3）编写程序代码。

```
Private Sub Command1_Click( )
    CommonDialog1.FileName="默认.txt"
    CommonDialog1.DefaultExt="txt"
    CommonDialog1.Filter="文本文件|.txt|所有文件|*.*"
    CommonDialog1.FilterIndex=1
    CommonDialog1.Flags=2+2048
    CommonDialog1.Action=2
    fname$=CommonDialog1.FileName
    Open fname$ For Output As #1
    Print #1,Text1.Text
    Close #1
End Sub
Private Sub Command2_Click( )
    Text1.Text=""
End Sub
Private Sub Command3_Click( )
    End
End Sub
```

【实验 11-3】编写使用通用对话框控件来修改文本框中文字、背景颜色的应用程序。应用程序界面如图 11-3 所示。要求：在文本框中显示"欢迎使用 Visual Basic"字符串，单击"文字颜色"按钮，弹出"颜色"对话框，使用"颜色"对话框改变文本框中文字的颜色。单击"文本框背景"按钮，弹出"颜色"对话框，使用"颜色"对话框改变文本框背景颜色。同样，单击"窗体背景"按钮来改变窗体背景颜色。

（1）界面设计：在窗体设计器中添加 1 个通用对话框控件 Commondialog1、3 个命令按钮、1 个文本框控件 Text1。调整它们在窗体中的位置和大小，界面设计如图 11-2 所示。

图 11-2 实验 11-3 的界面设计

（2）按表 11-3 所示设置对象属性。

表 11-3 实验 11-3 程序中对象属性设置

对象	名称（Name）	属性	属性值
文本框	Text1	Text	欢迎使用 Visual Basic
命令按钮 1	Command1	Caption	文字颜色
命令按钮 2	Command2	Caption	文本框背景
命令按钮 3	Command3	Caption	窗体背景
通用对话框控件 1	Commondialog1		

（3）编写程序代码。

```
Private Sub Command1_Click( )
    CommonDialog1.Color=Text1.ForeColor    '设置初始颜色
    CommonDialog1.Flags=1
    CommonDialog1.Action=3
    Text1.ForeColor=CommonDialog1.Color
End Sub
Private Sub Command2_Click( )
    CommonDialog1.Color=Text1.BackColor    '设置初始颜色
    CommonDialog1.Flags=1+2
    CommonDialog1.ShowColor
    Text1.BackColor=CommonDialog1.Color
End Sub
Private Sub Command3_Click( )
    CommonDialog1.Color=Me.BackColor       '设置初始颜色
    CommonDialog1.Flags=1+4
    CommonDialog1.ShowColor
    Me.BackColor=CommonDialog1.Color
End Sub
Private Sub Form_Load( )
    Text1.Text="欢迎使用Visual Basic"
End Sub
```

（4）运行程序，利用"文字颜色"按钮，改变文本框中文字的颜色。利用"文本框背景"按钮，改变文本框背景颜色。利用"窗体背景"按钮，改变窗体背景颜色。

【实验 11-4】 编写如图 11-3 所示的应用程序。要求：在文本框中显示"字体设置练习"字符串，单击"设置字体"按钮，弹出"字体"对话框，使用字体对话框的设置改变文本框中文字字体、字形、字号等。单击"设置效果"按钮，弹出字体对话框，使用字体对话框改变文本框中文字的效果（删除线、下划线、颜色）。

图 11-3 实验 11-4 的界面设计

（1）界面设计：在窗体设计器中添加 1 个通用对话框控件 Commondialog1、2 个命令按钮、1 个文本框控件 Text1。调整它们在窗体中的位置和大小，如图 11-3 所示。

（2）按表 11-4 所示设置对象属性。

表 11-4 实验 11-4 程序中对象属性设置

对象	名称（Name）	属性	属性值
窗体	Form1	Caption	字体对话框练习
文本框	Text1	Multiline	True
命令按钮	Command1	Caption	设置字体
命令按钮	Command2	Caption	设置效果
通用对话框	Commondialog1		

（3）编写程序代码。

```
Private Sub Command1_Click( )
    CommonDialog1.Flags=cdlCFBoth
    CommonDialog1.FontName=Text1.FontName
    CommonDialog1.ShowFont
    Text1.FontName=CommonDialog1.FontName
    Text1.FontSize=CommonDialog1.FontSize
    Text1.FontBold=CommonDialog1.FontBold
    Text1.FontItalic=CommonDialog1.FontItalic
End Sub
Private Sub Command2_Click( )
    CommonDialog1.Flags=cdlCFBoth Or cdlCFEffects
    CommonDialog1.FontName=Text1.FontName
    CommonDialog1.Action=4
    Text1.FontName=CommonDialog1.FontName
    Text1.FontSize=CommonDialog1.FontSize
    Text1.FontBold=CommonDialog1.FontBold
    Text1.FontItalic=CommonDialog1.FontItalic
    Text1.FontStrikethru=CommonDialog1.FontStrikethru
    Text1.FontUnderline=CommonDialog1.FontUnderline
    Text1.ForeColor=CommonDialog1.Color
```

```
End Sub
Private Sub Form_Load( )
    Text1.Text="字体设置练习"
End Sub
```

（4）运行程序，利用相应的按钮，可以设置字体及字体的效果。

【实验 11-5】编写一应用程序，把文本框中的文本通过打印机打印出来。应用程序的窗口界面如图 11-4 所示。

（1）界面设计：在窗体设计器中添加 2 个通用对话框控件 Commondialog1、Commondialog2，3 个命令按钮，1 个文本框控件 Text1。调整它们在窗体中的位置和大小，界面设计如图 11-4 所示。

（2）按表 11-5 所示设置对象属性。

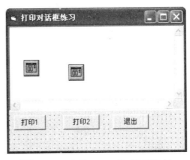

图 11-4 实验 11-5 的界面设计

表 11-5 实验 11-5 程序中对象属性设置

对象	名称（Name）	属性	属性值
窗体	Form1	Caption	打印对话框练习
文本框	Text1	Multiline	True
命令按钮	Command1	Caption	打印 1
命令按钮	Command2	Caption	打印 2
命令按钮	Command3	Caption	退出
通用对话框控件	Commondialog1		
通用对话框控件	Commondialog2		

（3）编写程序代码。

```
Private Sub Command1_Click( )
  Dim i As Integer
  CommonDialog1.Min=1
  CommonDialog1.Max=50
  CommonDialog1.Copies=1
  CommonDialog1.Flags=1+256
  CommonDialog1.Action=5
  Printer.FontName=Text1.FontName    '通过 printer 对象输出文本框内容
  For i=1 To CommonDialog1.Copies
      Printer.Print Text1.Text
  Next i
  Printer.EndDoc
End Sub
Private Sub Command2_Click( )
  CommonDialog2.Min=1
```

```
    CommonDialog2.Max=50
    CommonDialog2.Copies=1
    CommonDialog2.FromPage=1
    CommonDialog2.ToPage=1
    CommonDialog2.Flags=2+64
    CommonDialog2.ShowPrinter
    Printer.FontName=Text1.FontName      '通过printer对象输出文本框内容
    For i=1 To CommonDialog2.Copies
        Printer.Print Text1.Text
    Next i
    Printer.EndDoc
End Sub
Private Sub Command3_Click( )
    End
End Sub
```

(4) 运行程序，可以实现文本的打印。

【实验 11-6】实现下拉菜单的设计，按照图 11-5 所示设计界面，程序的菜单如图 11-6(a)、(b) 所示。

(1) 界面设计：设计界面如图 11-5 所示。

图 11-5　实验 11-6 的设计界面

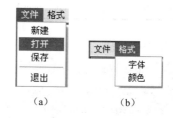

图 11-6　下拉菜单

(2) 新建工程。

(3) 打开菜单编辑器。

在设计状态下，打开窗体设计器窗口，在工具栏中单击 按钮，可以打开菜单编辑器。

(4) 设计最终下拉菜单的外观如图 11-7 所示。

① 每个菜单项的 Caption 属性如图 11-7 所示。

② 每个菜单项的 Name 属性如图 11-8 所示。

③ 每个菜单项的 Visible 属性都为 True。

【实验 11-7】在实验 11-6 的基础上实现菜单项的功能。设计对话框、RichTextBox。

(1) 添加 RichTextBox 控件。

在工具箱右键快捷菜单中选择"部件"命令。在"部件"对话框内选择"Microsoft Rich TextBox Control 6.0"。其图标为 。在窗体上添加该控件，拖动到合适大小，名为

RichTextBox1。

图 11-7 下拉菜单　　图 11-8 下拉菜单项的名称

（2）添加 CommonDialog 控件。

在"部件"对话框内选择"Microsoft Common Dialog Control 6.0"。其图标为 ▦。在窗体上添加该控件，放在任意位置，名为 CommonDialog1。

（3）实现"字体"菜单项。进入代码窗口，编写如下事件过程。

```
Private Sub mnuFont_Click( )    '字体字号
    With CommonDialog1
        .Flags = cdlCFBoth
        .ShowFont
        RichTextBox1.SelFontName = .FontName
        RichTextBox1.SelFontSize = .FontSize
    End With
End Sub
```

运行程序，在文本框内输入文字，选择该菜单项，将文字设置为宋体小三号字，验证结果。

（4）实现"颜色"菜单项。进入代码窗口，补充如下事件过程的代码。

```
Private Sub mnuColor_Click( )     '文档颜色
    '利用 ShowColor 方法,让 CommonDialog1 显示为颜色对话框
    'CommonDialog1 中选取的颜色保存在其 Color 属性中,用这个取值设置 RichTextBox1 的
    BackColor 属性。
End Sub
```

运行程序，在文本框内输入文字，选择该菜单项，将文字颜色设置为红色，验证结果。

（5）实现"保存"菜单项。进入代码窗口，编写如下事件过程。

```
Private Sub mnuSave_Click( )
    With CommonDialog1
        .DialogTitle = " 保存"
        .CancelError = False
        .Filter = "Rich Text 文件|*.rtf"
```

```
        .ShowSave
        RichTextBox1.SaveFile .FileName
    End With
End Sub
```

运行程序，在文本框内输入文字，选择该菜单项，将文档保存在 D 盘下，验证结果。

（6）实现"打开"菜单项。

单击"打开"菜单项，弹出"打开"对话框，选择文件，则将其显示在界面上。完成后，运行程序，将上一步骤中保存的文件显示出来。

提示：

RichTextBox 控件通过 LoadFile 方法将文件内容显示在其中。例如：

`RichTextBox1.LoadFile "c:\report.rtf"`

（7）实现"新建"与"退出"菜单，并运行程序加以验证。

【实验 11-8】在上述实验练习的基础上，实现弹出式菜单的设计，如图 11-9 所示。

（1）打开菜单编辑器，新增 3 个菜单项，其名称分别为 mnuPop、mnuClear 和 mnuSelAll。主菜单项 mnuPop 的 Visible 属性为 False。菜单编辑器状态如图 11-10 所示。

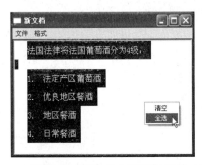

图 11-9 实验 11-8 的运行界面

图 11-10 弹出式菜单

（2）弹出菜单，编写如下事件过程。

```
Private Sub RichTextBox1_MouseUp(Button As Integer, Shift As Integer, x As Single, y As Single)
    If Button = 2 Then Form1.PopupMenu mnuPop    '鼠标右键抬起时,弹出菜单
End Sub
```

（3）编写"全选"菜单项的事件过程如下。

```
Private Sub mnuSelAll_Click( )
    RichTextBox1.SelStart = 0
    RichTextBox1.SelLength = Len(RichTextBox1.Text)
End Sub
```

（4）实现"清空"菜单项，运行程序进行验证。

【实验 11-9】实现工具栏的设计，为上述练习的菜单项"新建""打开"和"保存"制作工具栏选项，如图 11-11 所示。

（1）添加 ImageList 控件。

在"部件"对话框内选择"Microsoft Windows Common Controls 6.0"部件选项，将其添加 ImageList 控件，图标是 。添加该控件到窗体任意位置。

（2）右键选择该控件的属性，添加图片到 ImageList 控件中，如图 11-12 所示。

图 11-11　工具栏　　　　　　　　图 11-12　ImageList 控件的属性

（3）添加 ToolBar 控件。

在"部件"中选择"Microsoft Windows Common Controls 6.0"部件选项，将其添加 ToolBar 控件到工具箱中，其图标是 。在窗体上添加 ToolBar 控件。

（4）设置 ToolBar 控件的属性。

在 ToolBar 控件上右击，选择"属性"命令。

① 将 ToolBar 控件与 ImageList 控件联系起来。

② 添加 3 个按钮，分别对应 ImageList 中的 3 个图片，每个按钮的 Key 属性分别为"new""open"和"save"。

（5）实现工具栏按钮的功能，与相应的菜单项相同，进入代码窗口编写如下事件过程。

```
Private Sub Toolbar1_ButtonClick(ByVal Button As MSComctlLib.Button)
    Select Case Button.Key
    Case "new"
        mnuNew_Click
    Case "open"
        mnuOpen_Click
    Case "save"
        mnuSave_Click
    End Select
End Sub
```

（6）运行程序，验证结果。

实验 12 图 形 设 计

一、实验目的

1. 了解 Visual Basic 的图形功能。
2. 掌握建立图形坐标系的方法。
2. 掌握 Visual Basic 的图形控件的属性设置与图形方法。
3. 掌握常用几何图形绘制。
4. 掌握键盘和鼠标的基本操作。
5. 了解交互式绘图的基本原理。

二、相关知识

1. 标准坐标系统

Visual Basic 中的每个对象定位于存放它的容器内,都要使用容器的坐标系统。坐标系统包括原点位置、坐标单位及坐标轴的方向等几方面内容。标准坐标系统是一个二维网格,可定义屏幕上、窗体中或其他容器中对象。

标准坐标系统的设置为:容器的左上角为坐标原点(0,0),X 轴的方向为横向向右,Y 轴的方向为纵向向下。

2. 用户自定义坐标系

用户定义新的坐标系涉及如下成员:
(1) ScaleMode 属性:表示坐标系统的单位。
(2) ScaleWidth 和 ScaleHeight 属性。
表示窗体、图片框内部除去边界或标题行后的高度和宽度。
(3) CurrentX 和 CurrentY 属性。
CurrentX 和 CurrentY 属性设置或返回当前坐标的水平坐标和垂直坐标。其语法格式如下:

```
[对象名.]CurrentX[=x]
[对象名.]CurrentY[=y]
```

(4) DrawMode 属性。
DrawMode 属性决定由直线控件、形状控件或绘图方法所绘制的直线、矩形、圆、圆弧等线条及其填充时的真实颜色。
(5) DrawWidth 属性、DrawStyle 属性。
DrawWidth 属性影响由绘图方法 Line、Circle 和 PSet 生成的直线、矩形、圆和圆弧的边框的宽度及点的大小(单位为像素)。默认值为 1。

（6）AutoRedraw 属性。

当窗体和图形框控件的 AutoRedraw 属性值为 True 时，使用绘图方法绘制的图形被保存在内存中，若窗体或图形框全部或部分被其他窗体遮盖后再显示，图形能自动重画。当 AutoRedraw 属性值为 False 时（默认值），若窗体或图形框被遮挡并再重新显示时，绘图方法生成的图形无法自动重画。

（7）Scale 方法。

Scale 方法可以重新定义窗体或图片框的坐标系，格式如下：

```
对象名.Scale (xLeft,yTop)-(xWidth,yHeight)
```

其中，（xLeft,yTop）参数定义坐标系中左上角坐标；（xWidth,yHeight）参数定义坐标系中右下角坐标。

3. 绘图的颜色

（1）颜色值。

Visual Basic 内部使用十六进制长整数表示颜色。

（2）颜色常量。

颜色常量以 vb 开头，后面带有一个表示颜色的单词。例如：vbYellow。

（3）RGB 函数。

RGB 函数可以生成一种颜色。颜色值由红色、绿色和蓝色这三基色混合而成。三基色的取值范围都是 0～255。

语法格式为：

```
RGB(红色,绿色,蓝色)
```

（4）QBColor 函数语法格式为：

```
QBColor(Color)
```

Color 参数是介于 0～15 的整型值，可代表 16 种基本颜色。例如：QBColor(10)。

4. Image 控件

图像框 Image 控件可以显示图像。

（1）Picture 属性：用来设置所显示的图片。

在代码中设置该属性的格式如下：

```
对象名.Picture = LoadPicture("图片文件名")
```

（2）Stretch 属性。

① True：图片能够自动调整尺寸以适应图像框的大小。

② False：图片不能自动调整大小，图像框可自动改变大小以适应其中的图片。

5. PictureBox 控件

图片框 PictureBox 可以用来显示图像，也可以作为画布进行绘图。

（1）Picture 属性：设置显示的图片。

（2）Autosize 属性：调整图像框的大小以适应图形尺寸。

（3）ForeColor 属性：设置绘图的笔触颜色。

（4）DrawWidth 属性：设置画笔的粗细。最小值为 1，单位为像素。

（5）DrawStyle 属性：当 DrawWidth 属性取值为 1 时，可通过 DrawMode 设置画笔样式为虚线或实线。

（6）PSet 方法。

PSet 方法可以画点，其语法格式为：

```
对象名.PSet （点的横坐标,点的纵坐标),绘图颜色
```

（7）Line 方法。

用来画直线和矩形，还可绘制各种曲线，其语法格式如下：

```
对象名.Line （起始点横坐标,起始点纵坐标）- （终止点横坐标,终止点纵坐标），颜色，矩形 B|实心矩形 BF
```

（8）Circle 方法。

用来画圆、椭圆、圆弧、扇形等，其语法格式如下：

```
对象名.Circle （圆心横坐标,圆心纵坐标),半径,颜色,[start,end][,aspect]
```

① start 和 end：弧或扇形的起点及终点位置（以弧度为单位，范围从 $-2\pi \sim 2\pi$）。正数画弧，负数画扇形。

② aspect：纵轴和横轴的长度比。当 aspect>1 时，椭圆沿垂直方向拉长。若省略，则值为 1，表示画一个标准圆。

（9）Point 方法。

Point 方法用于返回指定点的 RGB 颜色，其语法格式如下：

```
对象名. Point(x,y)
```

6．Line 控件

直线 Line 控件 可在窗体、图片框和框架中画各种直线段。

主要属性如下。

（1）BorderStyle 属性：线条的类型。

（2）BorderWidth 属性：线条的宽度。

（3）BorderColor 属性：线段的颜色。

7．Shape 控件

形状控件 Shape 可以用来在窗体或图片框上绘制常见的几何图形。

主要属性如下：

（1）Shape 属性：显示的形状，取值为 0～5，包括矩形、正方形、椭圆、圆、圆角矩形及圆角正方形等。

（2）FillStyle 属性：内部填充线条的效果，其取值在 0～7。

8．键盘事件

（1）KeyPress 事件。

当按下键盘上的某个键时，将触发 KeyPress 事件。格式如下：

```
Private Sub 对象名KeyPress(KeyAscii as Integer)
…
End Sub
```

（2）KeyDown 事件和 KeyUp 事件。

KeyDown 事件在按下键盘时触发，其格式如下：

Private Sub 对象名 KeyDown(KeyCode As Integer,Shift As Integer)
…
End Sub

KeyUp 事件则在释放键盘时触发，其格式如下：

Private Sub 对象名 KeyUp(KeyCode As Integer,Shift As Integer)
…
End Sub

9. 鼠标事件

（1）MouseDown 事件：按下鼠标按键时触发。
（2）MouseUp 事件：释放鼠标按钮时触发。
（3）MouseMove 事件：移动鼠标光标时触发。

鼠标事件过程的格式如下：

Private Sub 对象名_事件名(Button As Integer,Shift As Integer,X As Single,Y As Single)
…
End Sub

三、实验内容

【实验 12-1】绘制如图 12-1 所示的图形。

（1）界面设计：在窗体上添加一个按钮，如图 12-2 所示。

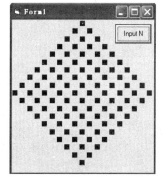   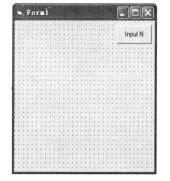

图 12-1　实验 12-1 的运行效果　　　图 12-2　实验 12-1 的界面设计

（2）按表 12-1 所示设置对象属性。

表 12-1　实验 12-1 程序中对象属性设置

对象	名称（Name）	属性	属性值
窗体	Form1	Caption	Form1
命令按钮	Command1	Caption	Input N

（3）编写程序代码。

```
Dim N As Integer
Private Sub Command1_Click( )
   s1="Enter N(1<=N<=20): "
   s2="Input Window"
   'v="1"
   s=InputBox(s1,s2,v)
   If Len(s)>0 Then
    N=Val(s)
    If N>20 Or N<1 Then
       N=10
    End If
    Cls
    Form_Paint
  End If
End Sub

Private Sub Form_Load( )
    N=10
End Sub
Private Sub Form_Paint( )
    d=200
    For i=1 To N Step 1
     For j=1 To i Step 1
        CurrentX=d*(N-i+j+j-2)
        CurrentY=d*(i-1)
        Print "■"
     Next j
Next i
For i=N-1 To 1 Step -1
     For j=1 To i Step 1
        CurrentX=d*(N-i+j+j-2)
        CurrentY=d*(N+N-i-1)
        Print "■"
     Next j
  Next i
End Sub
```

（4）运行程序，结果如图 12-1 所示。

【实验 12-2】应用 Line 方法绘制图 12-3 所示的螺旋线图形。

（1）编写程序代码。

```
Private Sub Form_Paint( )
```

```
   Dim x%,y%,k%,r%
   x=500:y=500
   PSet (x,y)
   k=2000:r=100
   For i=1 To 10
     Line -Step(k,0)
     If i>1 Then k=k-r
     Line -Step(0,k)
     Line -Step(-k,0)
     Line -Step(0,-k+r)
     k=k-r
   Next i
End Sub
```

（2）运行程序，在窗体上绘制出图 12-3 所示的图形。

【**实验 12-3**】画三维饼图。输入团员、党员、群众的人数，以饼图的形式显示各类人员的比例。

（1）界面设计：在窗体上添加 1 个框架，2 个按钮，3 个标签、3 个文本框（Text1、Text2、Text3），1 个图形框（picture1），如图 12-4 所示。

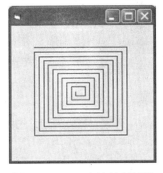
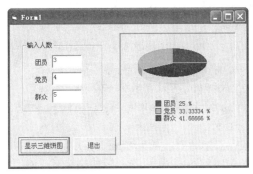

图 12-3 Line 方法绘制线段　　　　图 12-4 实验 11-3 的界面设计

（2）编写程序代码。

```
Private Sub Command1_Click( )
  Dim num1 As Integer,num2 As Integer,num3 As Integer
  Dim n1 As Single,n2 As Single,n3 As Single
  Dim cx As Single,cy As Single,cr As Single
  Const pi=3.14159
  If Text1.Text="" Or Not IsNumeric(Text1.Text) Then
    MsgBox("人数不能为空，或输入格式不正确,请重新输入")
      Text1.SetFocus
      Exit Sub
    Else
      num1=Val(Text1.Text)
  End If
```

```
    If Text2.Text="" Or Not IsNumeric(Text2.Text) Then
        MsgBox("人数不能为空,或输入格式不正确,请重新输入")
        Text2.SetFocus
    Exit Sub
    Else
        num2=Val(Text2.Text)
    End If
    If Text3.Text="" Or Not IsNumeric(Text3.Text) Then
        MsgBox("人数不能为空,或输入格式不正确,请重新输入")
        Text3.SetFocus
    Exit Sub
    Else
        num3=Val(Text3.Text)
    End If
cx=1500:cy=1000:cr=1000
sngratio=0.4
Picture1.Cls
Picture1.FillStyle=0    '实线填充
Sum=num1+num2+num3
n1=num1/Sum:n2=num2/Sum:n3=num3/Sum
For i=1 To 200'画200个圆组成饼图
    If num1>0 Then    '团员人数
        Picture1.FillColor=RGB(255,0,0)
        Picture1.Circle(cx,cy-i),cr,RGB(100,0,0),-2*pi,-2*pi*n1,sngratio
    End If
    If num2>0 Then    '党员人数
        Picture1.FillColor=RGB(0,255,0)
        Picture1.Circle(cx,cy-i),cr,RGB(150,150,255),-2*pi*n1,-2*pi*(n1+n2), _
sngratio
    End If
    If num3>0 Then    '群众人数
        Picture1.FillColor=RGB(0,0,255)
        Picture1.Circle(cx,cy-i),cr,RGB(240,240,0),-2*pi*(n1+n2),-2*pi, _
sngratio
    End If
Next i
'绘制图例
Picture1.FillColor=RGB(255,0,0)
Picture1.Line(1000,2000)-(1150,1850),,B
Picture1.Print "";"团员";n1*100;"%"
Picture1.FillColor=RGB(0,255,0)
```

```
    Picture1.Line(1000,2200)-(1150,2050),,B
    Picture1.Print "";"党员";n2*100;"%"
    Picture1.FillColor=RGB(0,0,255)
    Picture1.Line(1000,2400)-(1150,2250),,B
    Picture1.Print " ";"群众";n3*100;"%"
End Sub
Private Sub Command2_Click( )
  End
End Sub
```

【实验 12-4】用 PaintPicture 方法编程实现图像的旋转。

（1）界面设计：新建一个工程，在窗体左边添加图形框 1（Picture1），设置图形框 1 的 Autosize 属性值为 True，并在图形框 1 的 Picture 属性中装载一个图像。在窗体的右边添加图形框 2（Picture2），设置图形框 2 的高和宽都比图形框 1 稍大，如图 12-5 所示。

（2）编写程序代码。

```
Dim sw!,sh!
Private Sub Form_Click( )
  Const k%=15
  For i=1 To sw Step k
  For j=1 To sh Step k
    Picture2.PaintPicture Picture1,j,i,k,k,i,j,k,k   '图像逆时针旋转90°
  Next j,i
End Sub
Private Sub Form_Load( )
  sw=Picture1.ScaleWidth
  sh=Picture1.ScaleHeight
End Sub
```

（3）运行程序，结果如图 12-6 所示。

图 12-5　实验 12-4 的界面设计

图 12-6　实验 12-4 的运行效果

【实验 12-5】设计一个小型的交互式绘图程序，实现类似于 AutoCAD 中的橡皮筋绘图界面。要求实现线段和圆的绘制。线段可以连续输入，前一条线段的终点是后一条线段的起点。指定了线段的起点后，当鼠标移动时，在起点和鼠标当前位置显示连接线。指定圆心后，当鼠标移动时，显示一个圆心在指定点，并且经过鼠标当前位置的圆，同时显示圆心到鼠标当前位置的连接线。

(1) 界面设计：建立图 12-7 所示的应用程序界面。

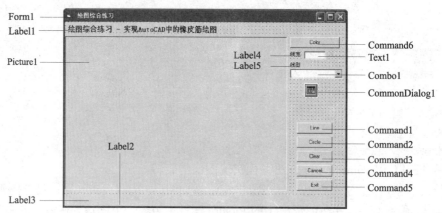

图 12-7　实验 12-5 的界面设计

(2) 按表 12-2 所示设置对象属性。

表 12-2　实验 12-5 窗口中对象属性的设置

对象	名称（Name）	属性名称	属性值
窗体	Form1	Caption	绘图综合练习
标签	Label1	Caption	绘图综合练习 – 实现 AutoCAD 中的橡皮筋绘图
标签	Label2	Caption	无
标签	Label3	Caption	无
标签	Label4	Caption	线宽
标签	Label5	Caption	线型
图片框	Picture1		
命令按钮	Command1	Caption	Line
命令按钮	Command2	Caption	Circle
命令按钮	Command3	Caption	Clear
命令按钮	Command4	Caption	Cancel
命令按钮	Command5	Caption	Exit
命令按钮	Command6	Caption	Color
组合框	Combo1	Text	无
通用对话框	CommonDialog1		

(3) 编写程序代码。

```
Private ObjSet As New Collection
Private ShapeType As String
Private IsFirstPnt As Boolean
Private x1 As Integer
Private y1 As Integer
Private Sub Combo1_Change()
```

```
      Picture1.DrawStyle=Combo1.ListIndex
End Sub
Private Sub Combo1_Click( )
      Picture1.DrawStyle=Combo1.ListIndex
End Sub
Private Sub Command1_Click( )
    ShapeType="Line"
    IsFirstPnt=True
    Picture1.Cls
    DrawShape
    ShowInfo
    Picture1.MousePointer=2
End Sub
Private Sub Command2_Click( )
    ShapeType="Circle"
    IsFirstPnt=True
    Picture1.Cls
    DrawShape
    ShowInfo
    Picture1.MousePointer=2
End Sub
Private Sub Command3_Click( )
    Picture1.Cls
    ShapeType=""
    Do While ObjSet.Count>0
       ObjSet.Remove 1
    Loop
    ShowInfo
End Sub
Private Sub Command4_Click( )
    IsFirstPnt=True
    Picture1.Cls
    DrawShape
    ShowInfo
End Sub
Private Sub Command5_Click( )
    Unload Me
End Sub
Private Sub Command6_Click( )
    CommonDialog1.Flags=cdlCCRGBInit
    CommonDialog1.ShowColor
```

```
    fc=CommonDialog1.Color
    '计算颜色的 RGB 分量
    r=fc Mod 256
    fc=fc/256
    g=fc Mod 256
    fc=fc/256
    b=fc Mod 256
    Command6.Caption="RGB:" & r & "," & g & "," & b
    Picture1.ForeColor=RGB(r,g,b)
End Sub
Private Sub Form_Initialize( )
    ShapeType=""
    Picture1.ScaleMode=3
    ShowInfo
    Combo1.AddItem "0 - Solid",0
    Combo1.AddItem "1 - Dash",1
    Combo1.AddItem "2 - Dot",2
    Combo1.AddItem "3 - Dash-Dot",3
    Combo1.AddItem "4 - Dash-Dot-Dot",4
    Combo1.AddItem "5 - Transparent",5
    Combo1.AddItem "6 - Inside Solid",6
    Text1.Text=1
    Combo1.ListIndex=0
End Sub
Private Sub DrawShape( )
    fc=Picture1.ForeColor
    For i=1 To ObjSet.Count
        If ObjSet(i)="Line" Then
            xx1=ObjSet(i+1)
            yy1=ObjSet(i+2)
            xx2=ObjSet(i+3)
            yy2=ObjSet(i+4)
            Picture1.DrawWidth=ObjSet(i+5)
            Picture1.DrawStyle=ObjSet(i+6)
            Picture1.ForeColor=ObjSet(i+7)
            Picture1.Line (xx1,yy1)-(xx2,yy2)
            i=i+7
        Else
            xx1=ObjSet(i+1)
            yy1=ObjSet(i+2)
            rr=ObjSet(i+3)
```

```
            Picture1.DrawWidth=ObjSet(i+4)
            Picture1.DrawStyle=ObjSet(i+5)
            Picture1.ForeColor=ObjSet(i+6)
            Picture1.Circle (xx1,yy1),rr
            i=i+6
       End If
   Next
   Picture1.DrawWidth=Val(Text1.Text)
   Picture1.DrawStyle=Combo1.ListIndex
   Picture1.ForeColor=fc
End Sub
Private Sub ShowInfo( )
   If ShapeType="" Then
      s="Select a Shape"
   Else
      If ShapeType="Line" Then
         If IsFirstPnt=True Then
            s="Draw Line: Select the first Point"
         Else
            s="Draw Line: Select the second Point. Draw New Line,Click the _
'Line' Button"
         End If
      Else
         If IsFirstPnt=True Then
            s="Draw Circle: Select the Center Point"
         Else
            s="Draw Circle: Select a Point on the Circumference"
         End If
      End If
   End If
   Label2.Caption=s
End Sub
Private Sub Picture1_MouseDown(Button As Integer,Shift As Integer,X As _
Single,Y As Single)
   If ShapeType="" Then
       Exit Sub
   End If
   If IsFirstPnt=True Then
       x1=X
       y1=Y
       IsFirstPnt=False
```

```
      Else
        If ShapeType="Line" Then
          ObjSet.Add "Line"
          ObjSet.Add x1
          ObjSet.Add y1
          ObjSet.Add X
          ObjSet.Add Y
          ObjSet.Add Picture1.DrawWidth
          ObjSet.Add Picture1.DrawStyle
          ObjSet.Add Picture1.ForeColor
          x1=X:y1=Y
        Else
          r=Sqr((x1-X)*(x1-X)+(y1-Y)*(y1-Y))
          ObjSet.Add "Circle"
          ObjSet.Add x1
          ObjSet.Add y1
          ObjSet.Add r
          ObjSet.Add Picture1.DrawWidth
          ObjSet.Add Picture1.DrawStyle
          ObjSet.Add Picture1.ForeColor
          IsFirstPnt=True
        End If
        Picture1.Cls
        DrawShape
    End If
    ShowInfo
End Sub
Private Sub Picture1_MouseMove(Button As Integer,Shift As Integer,X As _
    Single,Y As Single)
    s="(" & X & "," & Y & ")"
    Label3.Caption=s
    If ShapeType="" Then
      Exit Sub
    End If
    If IsFirstPnt<>True Then
      Picture1.Cls
      DrawShape
      If ShapeType="Line" Then
        Picture1.Line (x1,y1)-(X,Y)
      Else
        r=Sqr((x1-X)*(x1-X)+(y1-Y)*(y1-Y))
```

```
        Picture1.Line(x1,y1)-(X,Y)
        Picture1.Circle(x1,y1),r
      End If
    End If
  End Sub
  Private Sub Text1_Change( )
    l=Val(Text1.Text)
    If l>=1 And l<=20 Then
       Picture1.DrawWidth=l
    End If
  End Sub
```

（4）运行程序，结果如图 12-8 所示。

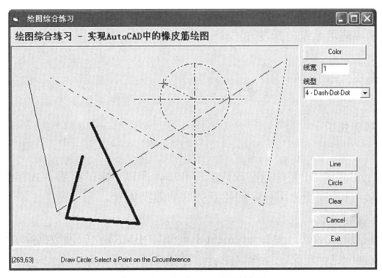

图 12-8　实验 12-5 运行效果

思考：

① 参考绘制线段和圆的代码，增加绘制矩形的功能。

提示： MouseDown 中绘制矩形的代码与绘制线段的代码完全相同，DrawShape 中需要根据两个对角顶点的坐标产生另外两个顶点的坐标后连续绘制四条线段，或者使用 Line 直接绘制。

② 在绘制线段的功能中增加闭合功能，即连续绘制线段的点数超过 2 时，可以增加一条线段连接第一个点和最后一个点。

提示： 需要记录第一个点的坐标，记录点的数目，当选择闭合命令时，判断当前点的数目。

③ 考虑将图形数据保存为外部文件，请设计一个文件格式能够准确完整地记录实验中用到的图形数据，同时实现文件的读写函数。

提示： 可以采用文本文件保存图形数据，格式可以参考 Collection 中数据的顺序，Collection 中每个元素对应一行文字。

实验 13　数据库程序设计

一、实验目的

1. 掌握数据库的基础知识。
2. 掌握利用数据库管理器进行数据库设计的方法。
3. 掌握使用 Data 控件访问数据库的方法。
4. 掌握使用 ADO 控件访问数据库的方法。
5. 掌握数据库报表的设计方法。
6. 了解数据库应用系统的开发方法。

二、相关知识

1. 数据库基础知识

（1）数据库。

数据库（DataBase，DB）是指存放数据的仓库，即以一定的组织方式存储在一起，能够为多个用户共享，且独立于应用程序的相互关联的数据集合。

（2）数据库管理系统。

数据库管理系统（DataBase Management System，DBMS）是管理数据库资源的系统软件。主要功能是对数据库进行定义、操作、控制和管理。

（3）数据库系统。

数据库系统（DataBase System，DBS）是指在计算机系统中引入数据库后的系统，一般由数据库、数据库管理系统、支持数据库运行的软/硬件环境，以及用户和数据库管理员构成。

（4）关系数据库。

按关系模型组织和建立的数据库称为关系数据库。关系数据模型的逻辑结构是一张二维表，一个数据表又由若干个记录组成，而每个记录又是由若干个以字段属性加以分类的数据项组成。

2. 可视化数据管理器

（1）启动可视化数据管理器。

在 Visual Basic 开发环境中单击"外接程序"菜单中的"可视化管理器"命令即可启动 VisData。

（2）创建数据库。

在 VisData 窗口中，单击"文件"菜单中的"新建"命令，在级联菜单中选择数据库类型，在弹出的对话框中输入数据库文件名及所要保存的路径，单击"确定"按钮，便可建立相应的数据库。

（3）创建数据库表。

在"VisData 窗口"的"数据库窗口"中，右击"Properties"选项，在弹出的快捷菜单中单击"新建表"命令，弹出"表结构"对话框，在对话框中建立数据库表。

3. 记录集类型

① 表类型记录集：以这种方式打开数据表时，所进行的增、删、改等操作都将直接更新数据表中的数据。

② 动态集类型记录集：以这种方式可以打开数据表或由查询返回的数据，所进行的增、删、改及查询等操作都先在内存中进行，速度快。

③ 快照类型记录集：以这种方式打开的数据表或由查询返回的数据仅供读取而不能更改，适用于进行查询工作。

4. 结构化查询语言 SQL

（1）SELECT 查询语句。

格式：SELECT [DISTINCT]字段列表 FROM 表名 [WHERE <条件表达式>] [GROUP BY 列名] _[ORDER BY 列名][ASC|DESC]

功能：从指定的基本表或视图中找出满足条件的记录，并对查询结果进行分组、统计、排序。

（2）DELETE 删除语句。

格式：DELETE FROM<表名> [WHERE<条件>]

功能：DELETE 语句从指定表中删除满足 WHERE 子句条件的所有记录。

（3）UPDATE 更新语句。

格式：UPDATE <表名> SET<列名>=<表达式>[,<列名>=<表达式>]…[WHERE<条件>]

功能：用 SET 子句给出<表达式>的值，修改指定表中满足 WHERE 子句条件的记录中相应的字段值。如果省略 WHERE 子句，则表示要修改表中所有的记录。

（4）INSERT 插入语句。

格式：INSERT INTO <表名> [<属性列 1>[,<属性列 2>]…] VALUES(<常量 1>[,<常量 2>]…)

功能：将新记录插入指定表中。

5. 使用 Data 控件访问数据库

（1）Data 控件的属性。

① Connect 属性：用于设置要连接的数据库类型，该属性默认为 Microsoft Jet 数据库，因此对于 Access 可以不设。Connect 属性可以在 VB 的属性窗口设置，也可以在程序中通过语句设置。

② DatabaseName 属性：用于设置被访问的数据库的路径和文件名，如"d:\student.mdb"，即设置 Data 控件访问的数据库文件。

③ RecordSource 属性：用于设置数据的来源，即设置 Data 控件所要打开的数据库表。

④ ReadOnly 属性：用于设置数据库是否以只读打开。设置为 True 时，可以显示数据无

法写入或修改数据。设置为 False（默认值）时，即为可写方式。

（2）Data 控件的方法。

① Refresh 方法：用于打开或重新打开数据库并重新生成 Data 控件的记录集。

② UpdateControl 方法：用于将数据从数据库中重新读到数据绑定控件内。

③ UpdateRecord 方法：用于将当前的内容保存到数据库。

（3）Data 控件的事件。

① Reposition 事件：当一条记录成为当前记录时，触发该事件。当用户单击 Data 控件上某个按钮进行记录间的移动，或者使用了某个 Move 方法、Find 方法，使某条记录成为当前记录以后，均会发生 Reposition 事件。

② Validate 事件：当一条不同的记录成为当前记录之前，或调用该 Data 控件的记录集对象的 Update 方法、Delete 方法、Close 方法之前，以及卸载窗体之前，触发该事件。

6. 数据绑定控件的常用属性

常用的数据绑定标准控件有 TextBox、Checkbox、Label、Image、PictureBox、ListBox、ComboBox、OLE Container。要使绑定控件被数据库约束，必须在设计或运行时对这些控件的两个属性进行设置。数据绑定控件的常用属性有：

① DataSource 属性：用于指定数据绑定控件需要绑定到的数据控件名称。

② DataField 属性：用于指定数据绑定控件与数据控件记录集中的哪个字段相绑定。绑定过后该数据绑定控件就可以显示、修改对应字段的内容了。

7. RecordSet 对象

（1）记录集的常用属性。

① AbsolutePosition 属性：返回当前指针值。若是第 1 条记录，其值为 0，该属性为只读属性。

② BOF 和 EOF 属性：BOF 属性用于判定记录指针是否在首记录之前，若是，则 BOF 为 True，否则为 False；EOF 属性用于判定记录指针是否在末记录之后。如果记录集中没有记录，则 BOF 和 EOF 的值都是 True。

③ Bookmark 属性：返回 RecordSet 对象中当前记录的书签。

④ NoMatch 属性：记录集中进行查找时，如果存在相匹配的记录，则 RecordSet 的 NoMatch 属性设置为 False，否则为 True。该属性常与 Bookmark 属性一起使用，完成对记录的查找。

⑤ RecordCount 属性：用于返回 RecordSet 对象中的记录数，该属性为只读属性。

（2）记录集的常用方法。

记录集的常用方法有两种：Move 方法组和 Find 方法组。

① Move 方法组。

利用 RecordSet 对象的 Move 方法组可以实现记录指针的移动。Move 方法组包括 5 种方法：

MoveFirst 方法：指向记录集的第一条记录，即首记录。

MoveNext 方法：指向记录集当前记录的下一条记录。

MovePrevious 方法：指向记录集当前记录的上一条记录。

MoveLast 方法：指向记录集的最后一条记录，即尾记录。

Move n 方法：从当前记录向前或向后移动 n 条记录，n 为指定的记录个数。当 n 为正整数时，记录指针从当前记录开始向后（向下）移动；当 n 为负整数时，记录指针向前（向上）移动。

② Find 方法组。

数据库应用程序中经常需要对某些特定记录进行查找，使用 Find 方法组可以在指定的记录集中查找与指定条件相符的第一条记录，并使之成为当前记录。Find 方法组中包括 4 种方法：

FindFirst 方法：查找记录集中符合条件的第一条记录。

FindLast 方法：查找记录集中符合条件的最后一条记录。

FindNext 方法：查找记录集中符合条件的下一条记录。

FindPrevious 方法：查找记录集中符合条件的上一条记录。

③ AddNew 方法：用于增加一条新记录，并将记录指针指向该记录。

④ Delete 方法：删除记录集中的当前记录。

⑤ Edit 方法：用于当前记录的修改。

⑥ Update 方法：用于将添加或修改记录的结果保存到数据库中。

8. 使用 ADO 控件访问数据库

（1）ADO 控件的属性。

① ConnectionString 属性：用于设置与数据库的连接。

② RecordSource 属性：用于设置 ADO 控件要访问的数据，这些数据构成记录集对象 RecordSet。

③ UserName 属性和 Password 属性：用于指定访问数据库时所需要的用户名和密码。

④ ConnectionTimeout 属性：用于设置等待建立一个连接的时间，以秒为单位。如果连接超时，返回错误信息。

（2）ADO 控件的方法。

ADO 控件和 Data 控件相似，也是通过 RecordSet 对象实现对记录的操作。常用的方法有 MoveFirst、MoveLast、MoveNext、MovePrevious、Find、AddNew、Delete、Update、Close 等。

（3）ADO 控件的事件。

① WillMove 事件和 MoveComplete 事件。

WillMove 事件在移动记录之前发生；MoveComplete 事件在移动记录之后发生。

② WillChangeField 事件和 FieldChangeComplete 事件。

WillChangeField 事件在对 RecordSet 中的一个或多个字段值进行修改前发生；FieldChangeComplete 事件则在字段修改之后发生。

③ WillChangeRecordset 事件和 RecordsetChangeComplete 事件。

WillChangeRecordset 事件在 Recordset 更改前发生；RecordsetChangeComplete 事件在 Recordset 更改后发生。

9. 报表制作

在数据库系统开发中，经常需要制作报表。报表的制作方法很多，在 VB 6.0 中可以使用数据报表设计器（Data Report Designer）制作报表。

三、实验内容

【实验 13-1】编写一个学生信息管理系统，要求实现用户管理、学生管理、课程管理、成绩管理、信息查询、报表统计等功能。

1. 分析

学生信息管理系统主要包括：系统管理、学生管理、课程管理、成绩管理、信息查询、报表及统计 6 个模块。

系统管理：此模块可以实现用户的添加、删除及用户密码修改等功能。
学生管理：此模块可以实现学生基本信息的添加、删除、修改等功能。
课程管理：此模块可以实现对所学课程的添加、删除、修改等功能。
成绩管理：此模块可以实现学生成绩的录入、修改、删除等功能。
信息查询：此模块可以实现学生基本信息的查询、学生成绩查询、课程查询等功能。
报表统计：此模块可以实现学生名单的打印、学生成绩打印、学生成绩统计等功能。
说明：本实验也可以按系统的功能，分为若干实验。

2. 数据库的设计

本系统采用 Access 数据库，数据库 Student.mdb 包括学生、课程、成绩、用户 4 个表，它们的结构见表 13-1～表 13-4。

表 13-1　学生表结构

字段名	类型	长度	字段名	类型	长度
学号	文本	10	家庭地址	文本	40
姓名	文本	10	联系电话	文本	13
性别	文本	1	班级	文本	20
出生年月	日期		个人简历	备注	

表 13-2　课程表结构

字段名	类型	长度	字段名	类型	长度
课程代码	文本	10	学分	整型	
课程名称	文本	20	任课教师	文本	10
开课学期	整型				

表 13-3　成绩表结构

字段名	类型	长度	字段名	类型	长度
学号	文本	10	成绩	整型	
课程代码	文本	10			

表 13-4 用户表结构

字段名	类型	长度	字段名	类型	长度
用户名	文本	10	密码	文本	10

各表之间的关系如图 13-1 所示。

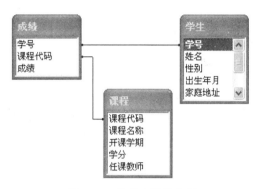

图 13-1 各表之间的关系

3．建立数据库

建立数据库即可以采用 Microsoft Access 应用程序，也可以使用 VB 提供的可视化数据管理器（VisData）程序建立。下面介绍采用可视化数据管理器（VisData）程序建立数据库的步骤：

（1）打开可视化数据管理器（VisData）程序。

在 VB 开发环境中单击"外接程序"菜单中的"可视化管理器"命令即可启动 VisData。

（2）建立数据库。

在 VisData 窗口中，单击"文件"菜单中的"新建"级联菜单中的"Microsoft Access 数据库"中的"Version 7.0 MDB(7)"命令，在弹出的对话框中输入数据库文件名（student.mdb）及所要保存的路径，单击"确定"按钮，便建立相应的数据库。建立数据库后的界面如图 13-2 所示。

图 13-2 VisData 窗口

(3) 创建数据库表。

在"VisData 窗口"的"数据库窗口"中，右击"Properties"选项（见图 13-2），在弹出的快捷菜单中单击"新建表"命令，弹出"表结构"对话框，如图 13-3 所示。

(4) 添加字段。

在"表结构"对话框中输入表名，单击"添加字段"按钮，显示"添加字段"对话框，如图 13-4 所示。

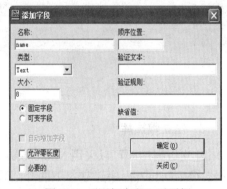

图 13-3 "表结构"对话框　　　　　　图 13-4 "添加字段"对话框

在"添加字段"对话框中输入字段名、字段类型、字段长度等内容，单击"确定"按钮。所输入的字段便添加到字段列表框中。以此方法添加表中的其他字段。

(5) 生成表。

字段的添加完成后，单击"关闭"按钮，显示"表结构"对话框。

在"表结构"对话框中单击"生成表"按钮，所建立的表便显示在"VisData 窗口"的"数据库窗口"中。

如果想删除字段，则在"表结构"对话框中选中所要删除的字段，单击"删除字段"按钮；如果想修改表结构或删除表，则在"数据库窗口"中右击所要操作的表，在弹出的快捷菜单中单击相应的操作命令即可。利用"表结构"窗口还可以为表建立索引。

以此方法建立表 12-1～表 12-4 所示的数据表。

4. 建立公共模块（Module1.bas）

(1) 分析。

系统开发过程中，经常需要设置 ADO 控件的 ConnectionString 属性，因此可以将数据库连接的字符串写成一个函数，并且放在 Module1.bas 模块中供程序调用。

(2) 添加模块。

新建工程 Student.vbp，在 VB 开发环境中单击"工程"菜单中的"添加模块"命令，创建 Module1.bas 模块。

(3) 编写程序代码。

双击 Module1.bas 模块，输入以下代码：

```
Public UserName As String      '用于存放用户名
Public Function ConnectString( ) As String   '连接数据库
   ConnectString="DRIVER={Microsoft Access Driver (*.mdb)};" & _
              "DBQ=student.mdb;" & _
              "DefaultDir=" & App.Path & ";" & _
              "UID=;PWD=;"
End Function
```

5. 设计主窗体（FrmMain.frm）

（1）界面设计。

① 建立 MDI 窗体。

在 VB 开发环境中单击"工程"菜单中的"添加 MDI 窗体"命令，创建一个 MDI 窗体。

② 建立菜单。

在 VB 开发环境中单击"工具"菜单中的"菜单编辑器"命令，创建窗体菜单。菜单的属性设置见表 13-5。

表 13-5 MDI 窗体菜单属性设置

菜 单 标 题	名称（Name）	菜 单 标 题	名称（Name）
系统管理	systemMenu	成绩管理	resultMenu
…添加用户	adduserMenu	…添加成绩信息	addresultMenu
…修改密码	modifypwdMenu	…修改成绩信息	modifyresultMenu
…退出系统	exitMenu	信息查询	queryMenu
学生管理	studentMenu	…学生信息查询	querystudentMenu
…添加学生信息	addstudentMenu	…课程查询	querycourseMenu
…修改学生信息	modifystudentMenu	…分数查询	queryscoreMenu
课程管理	coursesetMenu	报表统计	reportMenu
…添加课程信息	addcourseMenu	…学生基本情况报表	reportstudentMenu
…修改课程信息	modifycourseMenu	…学生成绩报表	reportscoreMenu

（2）编写程序代码。

```
Private Sub adduserMenu_Click( )       '添加用户菜单
   frmAdduser.Show    '显示添加用户窗体
End Sub
Private Sub modifypwdMenu_Click( )     '修改用户菜单
   frmModifyuser.Show                  '显示修改用户窗体
End Sub
Private Sub exitMenu_Click( )          '退出菜单
   End
End Sub
Private Sub addstudentMenu_Click( )    '添加学生信息菜单
   frmAddstudent.Show                  '显示增加学生信息窗口
```

```
End Sub
Private Sub ModifystudentMenu_Click( )    '修改学生信息菜单
  frmModifystudent.Show                   '显示修改学生信息窗口
End Sub
```

参照此方法,对其他菜单的 Click 事件进行编程,打开相应的窗体。

6. 设计登录窗体(Frmlogin.frm)

(1) 界面设计:新建窗体,在窗体中添加 3 个标签、2 个文本框、2 个按钮、1 个 ADO 控件,界面如图 13-5 所示。

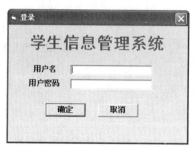

图 13-5 登录窗体

(2) 设置对象属性,见表 13-6。

表 13-6 登录窗体程序中对象属性设置

对象	名称(Name)	属性	属性值
窗体	Frmlogin	Caption	登录
标签	Label1	Caption	学生信息管理系统
标签	Label2	Caption	用户名
标签	Label3	Caption	用户密码
文本框	TxtUserName	Text	空
文本框	TxtPassword	Text	空
命令按钮	Command1	Caption	确定
命令按钮	Command2	Caption	取消
ADO 控件	Adodc1	Visible	false

(3) 编写程序代码。

```
Public OK As Boolean
Private Sub Command1_Click( )    '"确定"按钮
  UserName=""
  If Trim(txtUserName.Text="") Then
    MsgBox "用户名不能为空,请重新输入!",vbOKOnly+vbExclamation,"警告"
    txtUserName.SetFocus
  Else
    Adodc1.ConnectionString=ConnectString( )    '连接数据库
```

```
Adodc1.RecordSource="select * from 用户 where 用户名='" & _
txtUserName.Text & "' and 密码='" & txtPassword.Text & "'"
    Adodc1.Refresh
    If  Adodc1.  [1]  =True Then '如果用户或口令不正确
    MsgBox "用户名或密码输入错误,请重新输入!",vbOKOnly+vbExclamation,"警告"
        txtUserName.SetFocus
    Else
        UserName=txtUserName.text        '将用户名赋值给全局变量UserName
        Adodc1.Close
        Me.Hide
Frmmain.  [2]   '如果口令正确,显示主窗体
    End If
  End If
End Sub
```

思考：

① 如果程序中要判断是用户名错误还是密码错误，程序应该如何修改？

② 如果程序中要判断输错用户名或口令的次数（如输入错误三次，程序退出），应如何修改程序？

7．设计添加用户窗体（FrmAdduser.frm）

（1）界面设计：新建窗体，在窗体中添加 3 个标签、1 个文本框控件数组、1 个 ADO 控件、2 个按钮，界面如图 13-6 所示。

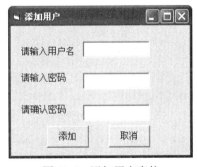

图 13-6 添加用户窗体

（2）设置对象属性，见表 13-7。

表 13-7 用户窗体程序中对象属性设置

对象	名称（Name）	属性	属性值
窗体	FrmAdduser	Caption	添加用户
标签	Label1	Caption	请输入用户名
标签	Label2	Caption	请输入密码
标签	Label3	Caption	请确认密码
文本框	Text1(0)	Text	空

续表

对象	名称（Name）	属性	属性值
文本框	Text1(1)	Text	空
文本框	Text1(2)	Text	空
命令按钮	CmdAdd	Caption	添加
命令按钮	CmdCancel	Caption	取消
ADO 控件	Adodc1	Visible	false

（3）编写程序代码。

```
Private Sub Cmdadd_Click( ) '"增加"按钮
  Adodc1.ConnectionString=ConnectString( )        '连接数据库
  If Trim(Text1(0).Text)="" Then            '判断用户名是否为空
    MsgBox "请输入用户名称!",vbOKOnly+vbExclamation,"信息提示"
    Text1(0).SetFocus
    Exit Sub
  Else
    Adodc1.RecordSource="select * from 用户 where 用户名='" & Text1(0).Text & "'"
    Adodc1.Refresh
    If Not Adodc1.Recordset.EOF Then '如果记录集不为空
      MsgBox "用户已经存在,请重新输入用户名!",vbOKOnly+vbExclamation," 信息提示"
      Text1(0).SetFocus
      Text1(0).Text="":Text1(1).Text="":Text1(2).Text=""
      Exit Sub
    End If
  End If
  If Trim(Text1(1).Text)<>Trim(Text1(2).Text) Then '如果两次输入不一致
    MsgBox "两次输入密码不一样,请确认!",vbOKOnly+vbExclamation,"警告"
    Text1(1).SetFocus
    Text1(1).Text=""
    Text1(2).Text=""
    Exit Sub
  Else
    With Adodc1.Recordset
      .Recordset.   [3]   '增加一条信息记录
      .Recordset.Fields(0)=Trim(Text1(0).Text)
      .Recordset.Fields(1)=Trim(Text1(1).Text)
      .Recordset.Update    '更新数据库
      .Recordset.Close
    End With
MsgBox "添加用户成功!",vbOKOnly+vbExclamation,"添加用户"
```

```
      End If
   End Sub
   Private Sub CmdCancel_Click( )      '取消按钮
      [4]
   End Sub
```

8. 设计修改密码窗体（Frmmodifyuser.frm）

（1）界面设计：在窗体中添加 2 个标签、2 个文本框、1 个 ADO 控件，2 个按钮，界面如图 13-7 所示。

图 13-7 修改密码窗体

（2）设置对象属性，见表 13-8。

表 13-8 修改密码窗体程序中对象属性设置

对象	名称（Name）	属性	属性值
窗体	Frmmodifyuser	Caption	修改密码
标签	Label1	Caption	请输入新密码
标签	Label2	Caption	请确认新密码
文本框	Text1	Text	空
文本框	Text2	Text	空
命令按钮	CmdOK	Caption	确认
命令按钮	CmdCancel	Caption	取消
ADO 控件	Adodc1	Visible	false

（3）编写程序代码。

```
Private Sub CmdOK_Click( )                        '"确认"按钮
   Adodc1.ConnectionString=ConnectString( )       '连接数据库
   If Trim(Text1.Text)<>Trim(Text2.Text) Then
      MsgBox "密码输入不正确!", vbOKOnly+vbExclamation,"信息提示"
      Text1(1).SetFocus: Text1(1).Text=""
   Else
      Adodc1.RecordSource="select * from 用户 where 用户名='" & UserName & "'"
      Adodc1.Refresh
      Adodc1.Recordset.Fields("密码")=Text1.Text
```

```
    Adodc1.Recordset.Update
    MsgBox "密码修改成功!",vbOKOnly+ _
vbExclamation,"修改密码"
    End If
End Sub
```

9. 设计添加学生信息窗体（FrmAddstudent.frm）

（1）界面设计：新建窗体，在窗体中添加若干标签、文本框，以及1个ADO控件、2个按钮、2个组合框，界面如图13-8所示。

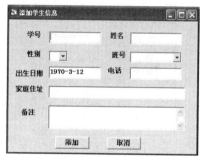

图13-8　添加学生信息窗体

（2）设置对象属性，见表13-9。

表13-9　添加学生信息窗体程序中对象属性设置

对象	名称（Name）	属性	属性值
窗体	FrmAddstudent	Caption	添加学生信息
标签	Label1～Label8	Caption	分别为学号、姓名、性别、班号、出生日期、电话、家庭地址、备注
文本框	TxtID、TxtName、TxtTel、Txtborndate、TxtAddress、TxtComment	Text	空
组合框	ComboSex	Text	空
组合框	ComboClass	Text	空
命令按钮	Command1	Caption	添加
命令按钮	Command2	Caption	取消
ADO控件	Adodc1	Visible	false

（3）编写程序代码。

```
Private Sub Form_Load( )        '窗体的Load的事件
  ComboSex.AddItem "男"
  ComboSex.AddItem "女"
  Comboclass.AddItem "计0901"
  Comboclass.AddItem "计0902"
  Comboclass.AddItem "材0901"
  Comboclass.AddItem "材0902"
```

```
End Sub
Private Sub Command1_Click()        '"添加"按钮
If Trim(TxtID.Text)="" Or Trim(TxtName.Text)="" Or _
Trim(Comboclass.Text)="" Or Trim(ComboSex.Text)="" Or _
  Trim(TxtTel.Text)="" Or Trim(TxtAddress.Text)="" _
  Or Trim(txtBorndate.Text)="" Then
     MsgBox "字段不能为空!",vbOKOnly+vbExclamation,"警告"
  Exit Sub
  End If
  If Not IsNumeric(Trim(TxtID.Text)) Then    '判断学号是否为数字格式
     MsgBox "学号应为数字!",vbOKOnly+vbExclamation,"警告"
     TxtID.SetFocus
     Exit Sub
  End If
  If Not IsDate(TxtBorndate.Text) Then     '判断日期格式是否输入正确
     MsgBox "出生时间应输入日期格式(yyyy-mm-dd)!",vbOKOnly,"警告"
     TxtBorndate.SetFocus
  Exit Sub
End If
Adodc1.ConnectionString=ConnectString()    '连接数据库
  Adodc1.RecordSource="select * from 学生 where 学号='" & Trim(TxtID.Text) & "'"
Adodc1.Refresh
If Not Adodc1.Recordset.EOF Then       '检查学号是否重复
     MsgBox "输入的学号已经存在,请重新输入!",vbOKOnly+vbExclamation,"警告"
TxtID.SetFocus
Else
    Adodc1.Recordset.AddNew '添加新记录
    Adodc1.Recordset.Fields(0)=Trim(TxtID.Text)
    Adodc1.Recordset.Fields(1)=Trim(TxtName.Text)
    Adodc1.Recordset.Fields(2)=ComboSex.Text
    Adodc1.Recordset.Fields(3)=Comboclass.Text
    Adodc1.Recordset.Fields(4)=Format(Trim(TxtBorndate.Text),"yyyy-mm-dd")
    Adodc1.Recordset.Fields(5)=Trim(TxtAddress.Text)
    Adodc1.Recordset.Fields(6)=Trim(TxtTel.Text)
    Adodc1.Recordset.Fields(7)=Trim(TxtComment.Text)
    Adodc1.Recordset.__[5]__ '更新数据库
    MsgBox "添加学籍信息成功!", vbOKOnly+vbExclamation,"信息提示"
    Adodc1.Recordset.Close
  End If
End Sub
```

10. 修改学生信息窗体（Frmmodifystudent.frm）设计

（1）界面设计：新建窗体，在窗体中添加若干标签、文本框，以及 1 个 ADO 控件、4 个查看学生信息按钮、4 个学生信息编辑按钮、2 个组合框，界面如图 13-9 所示。

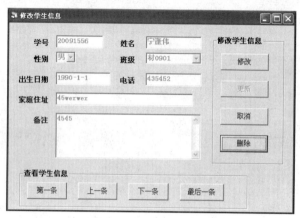

图 13-9 修改学生信息窗体

（2）设置对象属性，见表 13-10。

表 13-10 修改学生信息窗体程序中对象属性设置

对象	名称（Name）	属性	属性值
窗体	Frmmodifystudent	Caption	修改学生信息
标签	Label1～Label8	Caption	分别为学号、姓名、性别、班级、出生日期、电话、家庭地址、备注
文本框	TxtID、TxtName、TxtTel、Txtborndate、TxtAddress、TxtComment	Text	空
组合框	ComboSex	Text	空
组合框	ComboClass	Text	空
命令按钮	Cmdfirst	Caption	第一条
命令按钮	Cmdprevious	Caption	上一条
命令按钮	Cmdnext	Caption	下一条
命令按钮	Cmdlast	Caption	最后一条
命令按钮	Cmdedit	Caption	修改
命令按钮	Cmdupdate	Caption	更新
命令按钮	Cmdcancel	Caption	取消
命令按钮	Cmddelete	Caption	删除
ADO 控件	Adodc1	Visible	false

（3）编写程序代码。

```
Private Sub Cmdedit_Click( )    '"修改"按钮
  '使"编辑"按钮无效,"更新"按钮有效,记录指针移动按钮无效,文本框有效
Cmdedit.Enabled=False
```

```
    Cmdupdate.Enabled=True
    Cmdfirst.Enabled=False
    Cmdprevious.Enabled=False
    Cmdnext.Enabled=False
    Cmdlast.Enabled=False
    TxtID.Enabled=True
    TxtName.Enabled=True
    ComboSex.Enabled=True
    TxtBorndate.Enabled=True
    ComboClass.Enabled=True
    TxtTel.Enabled=True
    TxtAddress.Enabled=True
    TxtComment.Enabled=True
    myBookmark=Adodc1.Recordset.Bookmark    '记录当前记录位置
End Sub
Private Sub CmdUpdate_Click( )    '"更新"按钮
    Dim MsgText As String
If Trim(TxtID.Text)="" Or Trim(TxtName.Text)="" Or _
Trim(ComboClass.Text)="" Or Trim(ComboSex.Text)="" Or _
Trim(TxtTel.Text)="" Or Trim(TxtAddress.Text)="" _
    Or Trim(TxtComment.Text)="" Then
        MsgBox "字段不能为空!",vbOKOnly+vbExclamation,"警告"
        Exit Sub
    End If
    If Not IsDate(TxtBorndate.Text) Then
        MsgBox "出生时间应输入日期格式!",vbOKOnly+vbExclamation,"警告"
        txtBorndate.SetFocus
        Exit Sub
    End If
    TxtBorndate=Format(TxtBorndate,"yyyy-mm-dd")
    Adodc1.Recordset.Fields(1)=Trim(txtName.Text)
    Adodc1.Recordset.Fields(2)=Trim(comboSex.Text)
    Adodc1.Recordset.Fields(3)=Trim(comboClass.Text)
    Adodc1.Recordset.Fields(4)=TxtBorndate
    Adodc1.Recordset.Fields(5)=Trim(txtAddress.Text)
    Adodc1.Recordset.Fields(6)=Trim(txtTel.Text)
    Adodc1.Recordset.Fields(7)=Trim(txtComment.Text)
    Adodc1.Recordset.Update
    MsgBox "修改学籍信息成功!",vbOKOnly+vbExclamation,"修改学籍信息"
'修改按钮状态
    Cmdfirst.Enabled=True
```

```
    Cmdprevious.Enabled=True
    Cmdnext.Enabled=True
    Cmdlast.Enabled=True
    Cmdedit.Enabled=True
    Cmdupdate.Enabled=False
    TxtID.Enabled=False
    TxtName.Enabled=False
    ComboSex.Enabled=False
    TxtBorndate.Enabled=False
    ComboClass.Enabled=False
    TxtTel.Enabled=False
    TxtAddress.Enabled=False
    TxtComment.Enabled=False
End Sub
Private Sub CmdCancel_Click()        '"取消"按钮
    Frame2.Enabled=True
    Cmdfirst.Enabled=True
    Cmdprevious.Enabled=True
    Cmdnext.Enabled=True
    Cmdlast.Enabled=True
    TxtID.Enabled=False
    TxtName.Enabled=False
    ComboSex.Enabled=False
    TxtBorndate.Enabled=False
    ComboClass.Enabled=False
    TxtTel.Enabled=False
    TxtAddress.Enabled=False
    TxtComment.Enabled=False
    Adodc1.Recordset.Bookmark=myBookmark
End Sub
Private Sub CmdDelete_Click()        '"删除"按钮
    myBookmark=Adodc1.Recordset.Bookmark
    str2$=MsgBox("是否删除当前记录?",vbOKCancel,"删除当前记录")
    If str2$=vbOK Then
        Adodc1.Recordset.Delete
        Call cmdnext_Click
    End If
End Sub
Private Sub Cmdfirst_Click()         '"第一个"按钮
    Adodc1.Recordset.MoveFirst
End Sub
```

```
Private Sub Cmdlast_Click( )           '"最后一个"按钮
    Adodc1.Recordset.MoveLast
End Sub
Private Sub Cmdnext_Click( )           '"下一个"按钮
    Adodc1.Recordset.MoveNext
    If Adodc1.Recordset.EOF Then
        Adodc1.Recordset.MoveFirst
    End If
End Sub
Private Sub Cmdprevious_Click( )       ' "上一个"按钮
    Adodc1.Recordset.MovePrevious
    If Adodc1.Recordset.BOF Then
        Adodc1.Recordset.MoveLast
    End If
End Sub
```

11. 设计学生成绩录入窗口（Frmaddscore.frm）

（1）界面设计：新建窗体，在窗体中添加若干标签、3 个文本框（用于输入班级、姓名、分数）、2 个 ADO 控件、1 个组合框、3 个按钮、1 个 DataGrid 控件，界面如图 13-10 所示。

图 13-10　添加学生成绩窗体

（2）设置对象属性，见表 13-11。

表 13-11　学生成绩录入窗口程序中对象属性设置

对象	名称（Name）	属性	属性值
窗体	Frmaddscore	Caption	添加成绩信息
标签	Label1～Label4	Caption	分别为输入班级、姓名、选择课程、分数
文本框	Txtclass、TxtName、Txtscore	Text	空

续表

对象	名称（Name）	属性	属性值
组合框	ComboCourse	Text	空
命令按钮	Cmdsearch	Caption	查找
命令按钮	Cmdadd	Caption	确认添加
命令按钮	Cmdcancel	Caption	取消添加
ADO 控件	Adodc1	Visible	False
ADO 控件	Adodc2	Visible	False
DataGrid 控件	DataGrid1	Allowupdate	False
		Datasource	Adodc1

（3）编写程序代码。

```
Private Sub Form_Load( )
  Adodc1.ConnectionString=ConnectString( )   '连接设数据库
  Adodc1.RecordSource="select * from 课程 "
  Adodc1.Refresh
  While (Adodc1.Recordset.EOF=False)         '将课程和课程号显示在组合框中
     ComboCourse.AddItem Adodc1.Recordset.Fields(0) & "-" & _
Adodc1.Recordset.Fields(1)    '显示课程代码和课程名称
     Adodc1.Recordset.MoveNext
  Wend
  Adodc1.RecordSource="select 学号,姓名,班级 from 学生"
  Adodc1.Refresh
  Adodc2.ConnectionString=ConnectString( )   '连接设数据库
  Adodc2.RecordSource="select * from 成绩 "   '连接成绩表
  Adodc2.Refresh
End Sub
Private Sub CmdAdd_Click( )  '"确认添加"按钮
  If ComboCourse.Text="" Then
    MsgBox "请选择课程!",vbOKOnly+vbExclamation,"警告"
    Exit Sub
  End If
  If Txtscore.Text="" Then
    MsgBox "请输入分数!",vbOKOnly+vbExclamation,"警告"
    Exit Sub
  End If
  If Not IsNumeric(Txtscore.Text) Then
    MsgBox "分数请输入数字!",vbOKOnly+vbExclamation,"警告"
    Exit Sub
```

```
      End If
      Adodc2.Recordset.AddNew      '在成绩表中添加记录
      Adodc2.Recordset.Fields("学号")=Adodc1.Recordset.Fields("学号")
      Adodc2.Recordset.Fields("课程代码")=Mid(Trim(ComboCourse.Text),1,4)
'保存课程代码
      Adodc2.Recordset.Fields("分数")=Val(Txtscore.Text)
      Adodc2.Recordset.Update
      MsgBox "添加成绩成功!,请选择下一个学生",vbOKOnly,"警告"
      TxtName.Text=""
      Txtscore=""
End Sub
Private Sub Cmdsearch_Click( )   '"查找"按钮
   Adodc1.RecordSource="select 学号,姓名,班级 from 学生 where 班级= '" & _
   Txtclass.Text & "'"     '显示查找的班级学生信息
   Adodc1.Refresh
   If Adodc1.Recordset.EOF Then
      MsgBox("输入的班级不存在,请重新输入")
      Txtclass.SetFocus
      Txtclass.Text=""
      Exit Sub
   End If
End Sub
'在DataGrid1中单击所要录入的学生,则学生的姓名和学号显示在成绩录入文本框中
Private Sub DataGrid1_RowColChange(LastRow As Variant,ByVal LastCol As _
Integer)
      TxtName.Text=Adodc1.Recordset.Fields("姓名")
End Sub
```

思考:

① 添加学生成绩时,如果要首先判断成绩表中是否已有该课程的成绩,应该如何修改程序?

② 此程序如何修改,才能使成绩录入更方便?

12. 学生信息报表

分析: 建立报表需要利用 VB 数据环境(Data-Environment)和数据报表设计器(Data Report Designer)。

(1) 设计报表窗体(Frmstureport.frm)。

① 新建窗体,在窗体中添加 1 个 ADO 控件、1 个按钮、1 个 DataGrid 控件,界面如图 13-11 所示。

图 13-11 学生信息报表窗体

② 设置对象属性，见表 13-12。

表 13-12 程序中对象属性设置

对象	名称（Name）	属性	属性值
窗体	Frmstureport	Caption	学生基本信息报表
命令按钮	Cmdreport	Caption	报表
ADO 控件	Adodc1	Visible	False
DataGrid 控件	DataGrid1	Allowupdate	False
		Datasource	Adodc1

③ 编写程序代码。

```
Private Sub Command1_Click( )
  DataReport1.Show   '显示报表
End Sub
Private Sub Form_Load( )
  Adodc1.ConnectionString=ConnectString( )   '连接设数据库
  Adodc1.RecordSource="select * from 学生 "
  Adodc1.Refresh
End Sub
```

（2）建立数据环境（DataEnvironment1.dsr）。

① 添加数据环境。

单击"工程"菜单中的"添加 Data Environment"命令，即可将数据环境添加进应用程序中，默认为 DataEnvironment1，如图 13-12 所示。

② 数据环境属性设置。

数据环境有两个重要的对象：Connection 和 Command 对象。前者是连接指定的数据库，后者连接指定的数据表。

Connection 属性设置：右击 Connection 对象，在弹出的快捷菜单中单击"属性"命令，在弹出的"数据链接属性"对话框中选择 OLE DB 提供程序及所要连接的数据库。

Command 对象属性设置：右击 Command1 对象，在弹出的快捷菜单中单击"属性"命令，弹出"Command1 属性"对话框，属性设置如图 13-13 所示。

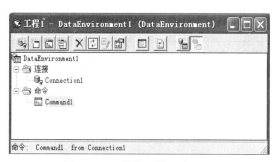

图 13-12 "数据环境"窗口

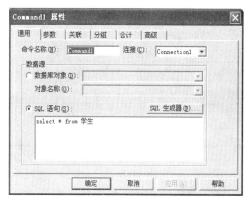

图 13-13 "Command 属性"对话框

（3）设计报表（DataReport1.dsr）。

① 添加数据报表。单击"工程"菜单中的"添加 Data Report"命令，将 Data Report 对象添加到工程中，默认的对象名为 DataReport1。双击添加的报表，出现报表设计窗体。

② 设计报表。在报表设计窗体中的细节区添加若干 RtpLabel 和 RtpTextBox 控件用于显示报表数据。在其他设计区添加所需的内容，如页标头、表标头等。报表设计如图 13-14 所示。

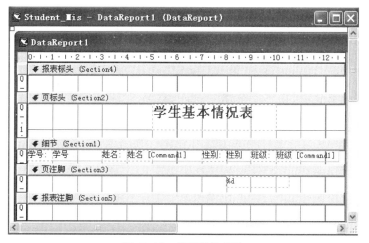

图 13-14 报表设计窗体

③ 属性设置。报表中对象的属性见表 13-13。

表 13-13 报表中对象属性设置

对象	名称（Name）	属性	属性值
报表控件	DataReport1	DataSource	DataEnvironment1
		DataMember	Command1
标签	Label1~Label4	Caption	学号、姓名、性别、班级
文本框	TxtID	DataMember	Command1
		DataField	学号

续表

对象	名称（Name）	属性	属性值
文本框	Txtname	DataMember	Command1
		DataField	姓名
文本框	Txtsex	DataMember	Command1
		DataField	性别
文本框	Txtclass	DataMember	Command1
		DataField	班级

在程序中利用 Data Report 控件的 Show 方法显示、打印报表，如 DataReport1.Show。由于篇幅原因，其他窗体请参照本实验自己编写。

思考：

① 如果此系统中使用 Data 数据访问控件，该如何设计程序？

② 如何设计一个图书借阅管理系统的数据库？它应包括哪些功能？

实验 14　编程规范和调试程序

一、实验目的

1. 掌握程序缩进格式。
2. 掌握注释的使用。
3. 掌握程序命名规范。
4. 掌握程序调试的基本方法。

二、相关知识

1. 对象命名

对象命名应尽量有含义，避免采取默认的名字。

通常对象命名的规则是：前 3 个字母表示对象类型，后面的字符表示控件的具体含义。

2. 代码格式

程序整体要采用锯齿形排列，规则如下：

（1）逻辑关系不紧密的部分之间要用空行分隔，例如变量定义、数据输入、数据处理和数据输出部分的语句之间可采用空行分隔。

（2）在循环结构中，循环体要向右缩进。

（3）在选择结构中，语句组要向右缩进。

Visual Basic 提供了"编辑"工具栏，使缩进更容易做到。选择"视图"→"编辑"命令，可以打开"编辑"工具栏。单击"块缩进"工具，则所选择的部分会向右缩进；单击"块凸出"工具，则所选择的部分会向左凸出。

3. 程序错误类型

（1）编译错误。

"编译错误"通常是指语法的错误，如错误地输入关键字、遗漏必要的标点符号或是创建不正确的语法结构。

（2）运行错误。

运行时发生的错误称为"运行错误"。常见的运行错误有除数为 0、数值溢出、对负数求开平方等。

（3）逻辑错误。

逻辑错误是编程人员在程序设计中出现的编程思路错误或笔误，是系统无法自动检查出的错误。通常需要进行程序调试，排除这种错误。

4. 程序调试步骤

程序调试最常用的步骤如下：

（1）设置断点。

打开代码编辑窗口，在窗口左边有一个空白区域，单击该区域中的某处可以设置断点。断点位置是可能出错的位置。

程序运行时，将停留在断点处。该语句用黄色高亮显示，表示正在执行。

（2）单步执行。

按下 F8 键，会执行一条语句。

此时光标停留在变量上，可以读取变量的当前值。

三、实验内容

1. 程序的缩进格式

Visual Basic 程序代码应该采用锯齿状的缩进格式。程序未采用缩进结构，可读性差；程序采用缩进结构，可读性强。

（1）新建工程，添加一个命令按钮、若干文本框与标签，界面如图 14-1 所示。

图 14-1 运行界面

（2）输入如下代码，将如下代码调整成缩进格式。

```
Option Explicit
Private Sub Command1_Click( )
Dim workingYear As Integer
Dim salary As Integer
Dim bonus As Integer
workingYear = Val(Text1.Text)
salary = Val(Text2.Text)
bonus = Val(Text3.Text)
If workingYear >= 5 Then
salary = salary + 1000
bonus = bonus + 5000
End If
Text2.Text = salary
Text3.Text = bonus
```

End Sub

提示：

① 在循环结构中，循环体要向右缩进。

在选择结构中，语句组要向右缩进。

② 选择"视图"菜单的"编辑"命令，可以打开"编辑"工具栏。

单击"块缩进"工具，则所选择的部分会向右缩进；

单击"块凸出"工具，则所选择的部分会向左凸出。

2．程序的命名规范

修改上述练习，使控件命名更具有直观的意义。

（1）修改命令按钮的名称，以 cmd 开头。

（2）修改三个文本框的名称，以 txt 开头。

（3）修改程序代码中关于命令按钮和文本框的名称部分。

3．注释的使用

为了方便说明程序的功能和含义，可以在恰当的位置添加程序的注释，这由注释语句完成。注释部分写在一个单撇号"'"的后面，可以出现在行末或是单独一行，在程序中呈绿色显示。

（1）新建工程。

在代码窗口中输入如下代码，并调整格式。

```
Option Explicit
Private Sub Command1_Click( )
Dim number As Integer
Dim i As Integer
Dim k As Single
number = Val(Text1.Text)
k = Sqr(number)
For i = 2 To k
If number Mod i = 0 Then Exit For
Next i
If i > k Then
MsgBox "是", vbExclamation, "判断结果"
Else
MsgBox "否", vbCritical, "判断结果"
End If
End Sub
```

（2）根据代码中出现的控件名称，设计界面。

（3）分析并运行程序，在程序代码适当位置添加注释，说明程序功能。

（4）在代码窗口最上方，按照如下格式添加关于日期、姓名等信息。

'''

'日期：

```
'姓名：
'功能：
'..........................................
```

提示：

注释语句不参与程序执行，当然也就不会影响程序运行结果。可以使用"编辑"工具栏中的 工具对选取的若干语句添加注释，使用 工具对注释部分进行撤销。

4．程序的调试

调试程序代码，使之得到正确的运行结果。

程序为求若干输入成绩的平均分。在如图 14-2 所示输入框中输入若干成绩，以一个负数为结束标记，在窗体上显示平均分。

图 14-2　运行界面

（1）新建工程，在窗体上添加命令按钮。

（2）编写命令按钮的单击事件如下：

```
Option Explicit
Private Sub Command1_Click( )
    Dim score As Integer
    Dim sum As Integer
    Dim n As Integer
    Dim avg As Single
    sum=0
    While score>=0
        score=Val(InputBox("输入成绩(以负数为结束):", "求平均分"))
        sum=sum+score
        n=n+1
    Wend
    avg=sum/n
    Print avg
End Sub
```

（3）输入 70，80，90，-1，则结果为 59.75，显然出现了逻辑错误。

（4）设置断点。

在代码窗口左边的空白区域单击，可以设置断点，如图 14-3 所示。

本例中由于 avg 变量值不正确，所以可以在求 sum 值位置设置断点。

图 14-3 设置断点

（5）运行程序，单击 Command1 按钮，输入第一个成绩 70 后，程序运行将停留在断点处。该语句用黄色高亮显示，表示正在执行，如图 14-4 所示。

图 14-4 程序运行到断点处中断

（6）单步执行。

按 F8 键，sum=sum+score 语句执行结束，下一条语句用黄色高亮显示，如图 13-5 所示。此时，将光标停留在 sum 变量上，可以读取 sum 的当前值。

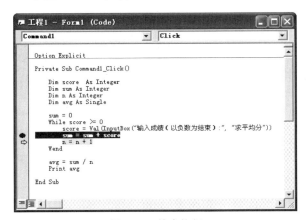

图 14-5 单步执行

（7）再按几次 F8 键，验证输入 80、90 后，累加都正确。

当用户输入–1，可以看到单步执行时，–1 被累加到 sum 中，n 的值也多累计了一个，导致结果错误。

（8）修改这个程序代码，使之正确。

第二部分

习题集

第 1 章 Visual Basic 概述

一、选择题

1. 在下述选项中,属于 Visual Basic 程序设计方法的是(   )。
   A. 面向过程,顺序驱动   B. 面向过程,事件驱动
   C. 面向对象,顺序驱动   D. 面向对象,事件驱动
2. Visual Basic 6.0 集成开发环境的主窗口不包括(   )。
   A. 标题栏   B. 菜单栏   C. 状态栏   D. 工具栏
3. Visual Basic 窗体设计器的主要功能是(   )。
   A. 建立用户界面   B. 添加图片
   C. 编写源程序代码   D. 显示文字
4. 在设计阶段,双击窗体中的对象后,Visual Basic 将显示的窗口是(   )。
   A. 属性窗口   B. 工程资源管理器窗口
   C. 代码窗口   D. 工具箱窗口
5. 打开属性窗口不能使用下述(   )项操作。
   A. 单击"视图"菜单中的"属性窗口"命令
   B. 按 F4 键
   C. 使用组合键 Ctrl+T
   D. 单击工具栏中的"属性窗口"按钮
6. 在下列操作中,不能打开工具箱的操作是(   )。
   A. 单击"视图"菜单中的"工具箱"命令
   B. 按 Alt+F8 组合键
   C. 单击工具栏中的"工具箱"按钮
   D. 按住 Alt 键的同时,先按 V 键,再按 X 键
7. 如果要向工具箱中添加控件的部件,可利用"工程"菜单中的(   )命令。
   A. 引用   B. 部件   C. 工程属性   D. 添加窗体
8. 下列可以打开立即窗口的操作是按(   )组合键。
   A. Ctrl+G   B. Ctrl+T   C. Ctrl+F   D. Ctrl+D
9. 通过(   )可以在设计阶段直接调整窗体在屏幕上的显示位置。
   A. 代码窗口   B. 窗体设计窗口 C. 窗体布局窗口 D. 属性窗口
10. 如果要把窗体上的某个控件变为活动控件,应执行的操作是(   )。
    A. 单击窗体的边框   B. 单击该控件的内部
    C. 双击该控件   D. 双击窗体

二、填空题

1. Visual Basic 6.0 是一种面向_____的、可视化的程序设计语言，它采用的是的编程机制。
2. Visual Basic 6.0 有三种不同的版本，它们分别是：学习版、_____和_____。
3. Visual Basic 集成开发环境中的主窗口是由标题栏、_____和_____组成的，另外，还包含一些能够完成各种特定功能的子窗口。
4. Visual Basic 6.0 共有三种工作模式，即_____、_____和中断模式。
5. Visual Basic 的退出有多种方法，可以通过_____菜单中的"退出"命令实现，另外，还可以通过使用组合键_____实现。
6. 如果打开了不需要的菜单或对话框，可以通过_____键将其关闭。
7. Visual Basic 中的控件分为三类，它们分别是_____、_____和_____。
8. 为了选择多个控件，可以按住_____键，然后单击每个控件。

第 1 章习题参考答案

第 2 章　简单的 Visual Basic 程序设计

一、选择题

1. 对象是将数据和程序代码（　　）起来的基本实体。
   A. 链接　　　　　　　　B. 串接　　　　　　　　C. 封装　　　　　　　　D. 合并
2. 在 VB 中，为同一窗体内的某个对象设置属性，所用语句的一般格式是（　　）。
   A. 属性名=属性值　　　　　　　　　　　　B. 对象名.属性值=属性名
   C. Set 属性名=属性值　　　　　　　　　　D. 对象名.属性名=属性值
3. 在下列叙述中，错误的是（　　）。
   A. 以.bas 为扩展名的文件是标准模块文件
   B. 窗体文件包含该窗体及其控件的属性
   C. 一个工程中可以包含多个标准模块文件
   D. 在工程资源管理器窗口中，只能包含一个工程文件及属于该工程的其他文件
4. VB 工程资源管理器可管理多种类型的文件，下面叙述不正确的是（　　）。
   A. 窗体文件的扩展名为.frm，每个窗体对应一个窗体文件
   B. 标准模块是一个纯代码性质的文件，它不属于任何一个窗体
   C. 资源文件是一种纯文本文件，可以用简单的文字编辑器来编辑
   D. 用户通过类模块来定义自己的类，每个类都用一个文件来保存，其扩展名为.bas
5. 工程文件的扩展名是（　　）。
   A. .vbg　　　　　　　　B. .vbp　　　　　　　　C. .vbw　　　　　　　　D. .vbl
6. 假设窗体上有多个控件，并有一个是活动的，现要在属性窗口中设置窗体的属性，应先执行（　　）操作。
   A. 单击窗体上没有控件的地方　　　　　　B. 单击任一个控件
   C. 双击任一个控件　　　　　　　　　　　D. 不执行任何操作
7. 在下列叙述中，错误的表述是（　　）。
   A. 对象事件的名称可以由编程者指定
   B. 事件过程是响应特定事件的一段程序
   C. 对象的方法是执行指定操作的过程
   D. 不同的对象可以具有相同名称的方法
8. 每个窗体对应一个窗体文件，窗体文件的扩展名是（　　）。
   A. .bas　　　　　　　　B. .cls　　　　　　　　C. .frm　　　　　　　　D. .vbp
9. 事件的名称（　　）。
   A. 都要由用户定义　　　　　　　　　　　B. 都是由系统预先定义的
   C. 有的由用户定义，有的由系统定义　　　D. 是不固定的
10. 当事件能被触发时，（　　）就会对该事件做出响应。

A. 对象　　　　　　B. 程序　　　　　　C. 控件　　　　　　D. 窗体

11. Visual Basic 的三种工作状态是（　　）。

A. 编辑、编译、运行　　　　　　　　B. 设计、编译、运行

C. 设计、运行、中断　　　　　　　　D. 设计、编译、中断

12. 除了系统默认的工具箱布局外，在 Visual Basic 中还可以通过（　　）方法来定义选项卡组织安排控件。

A. 右击工具箱，在弹出的快捷菜单中单击"添加选项卡"命令

B. 单击"文件"菜单中的"添加工程"命令

C. 单击"工程"菜单中的"添加窗体"命令

D. 单击"工程"菜单中的"部件"命令

13. 不能使用（　　）方法进入代码窗口编写代码。

A. 右击窗体，在弹出的快捷菜单中单击"查看代码"命令

B. 双击工程资源管理器窗口

C. 双击窗体除标题栏以外的区域

D. 单击"视图"菜单中的"代码窗口"命令

14. 以下关于窗体设计器窗口的说法中，正确的是（　　）。

A. 窗体设计器窗口就是用户要设计的界面

B. 应用程序中的每一个窗体都有自己的窗体设计器窗口

C. 应用程序中的所有窗体都使用同一个窗体设计器窗口

D. 调整窗体设计器窗口的大小将改变窗体的大小

15. 新建一工程，将其窗体的（名称）属性设置为 MyFirst，则默认的窗体文件名为（　　）。

A. Form1.frm　　　B. 工程 1.frm　　　C. MyFirst.frm　　　D. Form1.vbp

16. Visual Basic 中"程序运行"使用的快捷键是（　　）。

A. F2　　　　　　B. F5　　　　　　C. Alt+F3　　　　　　D. F8

17. 设置窗体最小化时的图标可通过（　　）属性来实现。

A. MouseIcon　　　B. Image　　　C. Icon　　　D. Picture

18. 下列操作中不能触发一个命令按钮的 Click 事件的是（　　）。

A. 单击按钮　　　　　　　　　　　B. 右击按钮

C. 把焦点移至按钮上，然后按 Enter 键　　D. 使用该按钮的访问键

19. 一个 VB 工程可以包含多种类型文件，（　　）不是 VB 外文件的扩展名。

A. WMF　　　　　B. VBP　　　　　C. FRX　　　　　D. FRM

20. 在窗体上有两个命令按钮，其中一个命令按钮的名称为 cmda，则另一个命令按钮的名称不能是（　　）。

A. cmdc　　　　　B. cmdb　　　　　C. cmdA　　　　　D. Command1

21. 在属性窗口设置命令按钮的 DownPicture 属性，指定按下时显示的图形文件，但在运行时，单击命令按钮却没有效果，原因是（　　）。

A. 命令按钮的 Default 属性为 True　　　　B. 命令按钮的 Style 属性 2-Picture

C. 命令按钮的 Style 属性为 0-Standard　　D. 命令按钮的 Style 属性为 1-Graphical

22. 如果设计时在属性窗口将命令按钮的（　　）属性设置为 False，则运行时按钮从窗体上消失。

A. Visible   B. Enabled   C. DisabledPicture   D. Default

23. 如果设计时在属性窗口将命令按钮的（　　）属性设置为 False，则运行时按钮不能响应用户的鼠标事件。

A. Visible   B. Enabled   C. DisabledPicture   D. Default

24. 当窗体上添加一个标签控件 Label1 之后，标签控件默认的"(名称)"属性和 Caption 在执行语句 Label1.Caption="Visual Basic"之后，标签控件的"(名称)"属性和 Caption 属性分别为（　　）。

A. "Label" "Visual Basic"   B. "Label1" "Label1"
C. "Label1" "Label1"   D. "Label" "Label"

25. 设置标签边框的属性是（　　）。

A. BorderStyle   B. BackStyle   C. AutoSize   D. Alignment

26. 将文本框的（　　）属性设置为 True 时，文本框可以输入或显示多行文本，且会在输入的内容超出文本框的宽度时自动换行。

A. MultiLine   B. ScrollBars   C. Text   D. Enabled

27. 在设计阶段，Multiline 为 Ture，在属性窗口设置 Text 属性值时，通过按（　　）键实现文本的换行。

A. Enter   B. Alt+Enter   C. Ctrl+Shift+Enter   D. Ctrl+Enter

28. 当文本框的 ScrollBars 属性设置为非零值时却没有效果，原因是（　　）。

A. 文本框中没有内容   B. 文本框的 MultiLine 属性值为 False
C. 文本框的 MultiLine 属性值为 True   D. 文本框的 Locked 属性值为 True

29. 如果将文本框的（　　）属性设置为 True，则运行时不能对文本框中的内容进行编辑。

A. Locked   B. MultiLine   C. TabStop   D. Visible

30. 在设计阶段，当双击窗体上的某一个文本框控件时，系统将在代码窗口中显示该文本框控件的（　　）事件过程模板。

A. Click   B. DblClick   C. Change   D. GotFocus

31. 任何控件都具有（　　）属性。

A. Text   B. Caption   C. （名称）   D. Font

32. （　　）控件是不可设置焦点的控件。

A. 文本框   B. 命令按钮   C. 组合框   D. 图像框

33. 要使窗体在运行时不可改变大小，需对其（　　）属性进行设置。

A. BorderStyle   B. ControlBox   C. Height   D. Width

34. 在设置按钮的 Caption 属性时，如果某个字母前加上（　　），则程序运行时，标题中的该字母带有下划线，该带有下划线的字母就成为快捷键。

A. \<   B. #   C. &   D. _

35. 以下叙述中正确的是（　　）。

A. 窗体的 Name 属性指定窗体的名称，用来标识一个窗体
B. 窗体的 Name 属性的值是显示在窗体标题栏中的文本
C. 可以在运行期间改变对象的 Name 属性的值
D. 对象的 Name 属性值可以设置为空

36. 在窗体上有若干控件，其中有一个名称为 Text1 的文本框。影响 Text1 的 Tab 顺序的

属性是（　　）。
　　A. TabStop　　　　B. Enabled　　　　C. Visible　　　　D. TabIndex

37. 为了使文本框同时具有水平和垂直滚动条，应先把 MultiLine 属性设置为 True，然后再把 ScrollBars 属性设置为（　　）。
　　A. 0　　　　　　　B. 1　　　　　　　C. 2　　　　　　　D. 3

38. 下列叙述中正确的是（　　）。
　　A. 只有窗体才是 Visual Basic 中的对象
　　B. 只有控件才是 Visual Basic 中的对象
　　C. 窗体和控件都是 Visual Basic 中的对象
　　D. 窗体和控件都不是 Visual Basic 中的对象

39. 下列的（　　）对象不支持 Dblclick 事件。
　　A. 文本框　　　　　B. 命令按钮　　　　C. 标签　　　　　　D. 窗体

40. 要使文本框控件 Text1 在运行时不可编辑（光标可以进入），应使用（　　）语句。
　　A. Text1.Locked=True　　　　　　　　B. Text1.Locked=False
　　C. Text1.Enabled=True　　　　　　　D. Text1.Visable=False

41. 下列说法正确的是（　　）。
　　A. Move 属性用于移动窗体或控件，但不可改变其大小
　　B. Move 属性用于移动窗体或控件，并可改变其大小
　　C. Move 方法用于移动窗体或控件，并可改变其大小
　　D. Move 方法用于移动窗体或控件，但不可改变其大小

42. 若要设置命令按钮具有图形特征，可通过（　　）属性来进行。
　　A. BackStyle　　　　B. Style　　　　C. Borderstyle　　　D. Appearance

43. 要使命令按钮 Command1 在运行时不显示，应对（　　）属性进行设置。
　　A. Enabled　　　　　B. Hide　　　　　C. Visible　　　　D. BackColor

44. 在按 Esc 键时，可执行命令按钮的 Click 事件，则需要设置该命令按钮的（　　）属性。
　　A. Value　　　　　　B. Default　　　　C. Cancel　　　　D. Enabled

45. 在按 Enter 键时，可执行命令按钮的 Click 事件，则需要设置该命令按钮的（　　）属性。
　　A. Value　　　　　　B. Default　　　　C. Cancel　　　　D. Enabled

46. 在 TextBox 控件中要显示多行文本内容，应设置属性（　　）为 True。
　　A. ScrollBars　　　　B. MaxLength　　　C. MultiLine　　　D. Locked

47. 当文本框的 MaxLength 属性值取（　　）时，该文本框能容纳的字符数最多。
　　A. 512　　　　　　　B. 256　　　　　　C. 0　　　　　　　D. −1

48. 确定一个控件在窗体上的位置的属性是（　　）。
　　A. Width 和 Height　　　　　　　　　B. ScaleWidth 和 ScaleHeight
　　C. Top 和 Left　　　　　　　　　　　D. ScaleTop 和 ScaleLeft

49. 设窗体上有一个文本框，名称为 Text1，程序运行后，要求该文本框不能接受键盘输入，但能输出信息，以下属性设置正确的是（　　）。
　　A. Text1.MaxLength=0　　　　　　　　B. Text1.Enabled=False
　　C. Text1.Visible=False　　　　　　　D. Text1.Width=0

50. 以下能在窗体 Form1 的标题栏中显示"VisualBasic 窗体"的语句是（　　）。

A. Form1.Name="VisualBasic 窗体"　　　B. Form1.Title="VisualBasic 窗体"
C. Form1.Caption="VisualBasic 窗体"　　D. Form1.Text="VisualBasic 窗体"

51. 为了防止用户随意将光标置于控件上，应该（　　）。
A. 将控件的TabIndex属性设置为0　　　B. 将控件的TabStop属性设置为True
C. 将控件的TabStop属性设置为False　　D. 将控件的Enabled属性设置为False

52. 当运行程序时，系统自动执行启动窗体的（　　）事件过程。
A. Load　　　　B. Click　　　　C. UnLoad　　　　D. GotFocus

53. 双击窗体中的对象后，VB将显示的窗口是（　　）。
A. 工具　　　　B. 工程　　　　C. 代码窗口　　　　D. 属性窗口

54. 决定一个窗体有无控制菜单的属性是（　　）。
A. MinButton　　B. Caption　　C. MaxButton　　D. ControlBox

55. 当标签的标题内容太长，需要根据自动调整标签的大小时，应设置标签的（　　）属性为True。
A. AutoSize　　B. WordWrap　　C. Enabled　　D. Visible

56. VB中ActiveX控件的文件扩展名是（　　）。
A. .cls　　　　B. .ocx　　　　C. .frm　　　　D. .bas

57. 要使某控件在运行时不可显示，应对（　　）属性进行设置。
A. Enabled　　B. Visible　　C. BackColor　　D. Caption

58. 若要使命令按钮不可操作，要对（　　）属性进行设置。
A. Enabled　　B. Visible　　C. BackColor　　D. Caption

59. 要判断在文本框是否按Enter键，应在文本框的（　　）事件中判断。
A. Change　　B. KeyDown　　C. Click　　D. KeyPress

60. 要使标签能够显示所需要的文本，则在程序中应设置其（　　）属性的值。
A. Caption　　B. text　　　C. Name　　D. AutoSize

二、填空题

1. 对象是具有某些特定性质和行为的_____，VB中的对象包括_____和_____。

2. 一个工程可以包括多种类型的文件，其中扩展名为_____的文件表示工程文件；扩展名为_____的文件表示窗体文件；扩展名为.bas的文件表示_____；包含ActiveX控件的文件扩展名为_____。

3. 事件的过程名由_____和事件名组成，其间用下划线连接。

4. 快捷键Ctrl+O的功能相当于执行"文件"菜单中的_____命令。

5. 为了选择多个控件，可以按住_____键，然后单击每个控件。

6. Visual Basic要求一个工程至少包含两个文件，即_____和_____。

7. 为了把一个Visual Basic应用程序装入内存，只要装入_____文件即可。

8. 对象的事件是指_____。

9. 对象的方法是指_____。

10. Visual Basic的控件通常分为三种类型，即_____、_____和_____。其

中，_____不能从工具箱中删除。

11. 如果属性窗口被关闭，按键盘上的_____键可以打开属性窗口，也可以使用工具栏中的属性窗口按钮，或使用_____菜单中的_____命令。

12. 在属性窗口中，有些属性具有预定值，在这些属性上双击属性值，可以_____。

13. 对象是代码和数据的集合，如 Visual Basic 中的_____等都是对象。

14. 事件就是在对象上所发生的事情，Visual Basic 中的事件如_____、_____、_____等。

15. 一个对象响应的事件可以有_____个，用户不能建立新的事件。

16. 对象的方法用于_____。当方法不需要任何参数并且也没有返回值时，调用对象的方法的格式为_____。

17. 一个应用程序可以有多个窗体，使用_____菜单下的_____命令，或使用工具栏中的_____按钮可以添加一个新的窗体。

18. 文本框的默认属性是_____。

19. 如果要使命令按钮图标表面显示文字"退出（X）"，则其 Caption 属性应设置为_____，其括号中带下划线的 X 表示在运行时按下_____键与单击该按钮的效果相同。

20. 如果要将命令按钮的背景设置为某种颜色，或者要在命令按钮上粘贴图形，应将命令按钮的_____属性设置为 1-Graphical。

21. 为了在按 Enter 键时执行某个命令按钮的事件过程，需要把该命令按钮的一个属性设置为 True，这个属性是_____。

22. 双击工具箱中的控件按钮，即可在窗体的_____位置画出控件。表示控件与窗体顶部距离的属性是_____。表示控件与窗体左侧距离的属性是_____。表示控件宽度的属性是_____。表示控件高度的属性是_____。

23. 使用键盘改变控件大小的组合键是_____。使用键盘改变控件位置的组合键是_____。

24. 要同时选定多个控件，可以按住_____或_____键，再依次单击各个控件。

25. 要运行当前工程，可以按键盘上的_____键。

26. 控件和窗体的 Name 属性只能通过_____设置，不能在_____期间设置。

27. 要使标签所在处能透明显示背景，应设置_____属性值为 0。

28. 窗体的属性设置既可以通过属性窗口设置，也可以通过程序代码设置。通常只能通过属性窗口设置的属性称为_____。

29. 当从内存中清除一个窗体时，触发的事件是_____。

30. 在被选择的多个控件中，有一个控件的周围是实心小方块，这个控件称为_____。

31. 当运行程序时，系统自动执行启动窗体的_____事件过程。

32. 要在 Form_Load 事件过程中使用 Print 方法，在窗体上输出一定的内容，应设置窗体的_____方法。

33. 要使文本框 Text1 中显示的字符字体为隶书，使用的语句是_____。

34. 改变控件在窗体中的左右位置，应修改该控件的_____属性；改变上下位置，应修改该控件的_____属性。

35. 设置对象的属性有两种办法：一种是在设计时在_____窗口中设置；另一种是在运行时设置，设置格式为_____。大部分属性可以用以上两种方法进行设置，而有些属性只能用其中一种方法设置。

36. 假定建立了一个工程，该工程包括两个窗体，其名称（Name 属性）分别为 Form1 和 Form2，启动窗体为 Form1。程序运行后，要求当单击 Form1 窗体时，Form1 窗体消失，显示窗体 Form2，请将程序补充完整。

```
Private Sub Form1_Click( )
    _____Form1
Form2._____
End Sub
```

三、简答题

1. 设窗体上有两个标是 Label1 和 Label2、两个文本框 Text1 和 Text2，简单说明以下各段事件代码的作用（说明当发生什么事件时完成什么功能）。

（1）Private Sub Text1_change( )
　　　　Label2.Caption=Text1.Text
　　End Sub

（2）Private Sub Text1_DblClick( )
　　　　Label1.Caption=Text1.Text
　　End Sub

（3）Private Sub Text1_GotFocus( )
　　　　Text1.SelStart=0
　　　　Text1.SelLength=Len(Text1.Text)
　　End Sub

（4）Private Sub Text1_LostFocus( )
　　　　Text2.SetFocus
　　　　Text2.SelStart=0
　　　　Text2.SelLength=Len(Text2.Text)
　　End Sub

2. 在窗体上建立 4 个命令按钮 Command1、Command2、Command3 和 Command4。

要求：

① 命令按钮的 Caption 属性分别为"字体变大""字体变小""加粗"和"标准"。
② 每单击 Command1 按钮和 Command2 按钮一次，字体变大或变小 3 个单位。
③ 单击 Command3 按钮时，字体变粗；单击 Command4 按钮时，字体又由粗体变为标准。
④ 4 个按钮每单击一次，都在窗体上显示"欢迎使用 VB"。
⑤ 双击窗体后可以退出。

第 2 章习题参考答案

第 3 章　Visual Basic 语言基础

一、选择题

1. 下列（　　）字符不属于 Visual Basic 字符集。
   A. A　　　　　　B. #　　　　　　C. ξ　　　　　　D. @

2. 数据类型中的变体型可以包括数值型、日期型、对象型和字符型，此外，还包含 4 个特殊的数据：（　　）和 Nothing。
   A. Error、Empty、Object　　　　　B. Error、Object、Null
   C. Empty、Error、Null　　　　　　D. Empty、Object、Type

3. 数据类型中的数值数据类型可以包括（　　）、Double、Currency 和 Byte。
   A. Integer、Object、Single　　　　B. Integer、Long、Variant
   C. Integer、Long、Data　　　　　　D. Integer、Long、Single

4. Variant 是一种特殊的数据类型，除了（　　）和用户自定义类型外，可以包含任何种类的数据。
   A. 固定长度字符串　　B. 整型　　　　C. 实型　　　　D. 单精度

5. 以下不合法的常量是（　　）。
   A. 10^2　　　　　B. 100　　　　　C. 100.0　　　　D. 10E+0l

6. 以下（　　）可以作为字符串变量。
   A. m　　　　　　B. #01/01/99#　　C. "m"　　　　　D. True

7. 下列（　　）是日期常量。
   A. "2/1/02"　　　B. 22/1/02　　　C. #2/1/02#　　　D. {2/1/02}

8. 下列符号常量的声明中，（　　）是不合法的。
   A. Const a As Single=1.1　　　　　B. Const a As Integer="12"
   C. Const a As Double=Sin(1)　　　 D. Const a=" OK"

9. 声明一个长度为 256 个字符的字符串变量 mstr，应使用（　　）。
   A. Dim mstr　　　　　　　　　　　B. Dim mstr(256) As String
   C. Dim mstr As String * 256　　　　D. Dim mstr As String[256]

10. 按变量名的定义规则，（　　）是不合法的变量名。
    A. Mod　　　　　B. Mark_2　　　C. tempVal　　　D. Cmd

11. 在 VB 中，常量 12345678# 的类型是（　　）。
    A. 整型　　　　　B. 长整型　　　C. 字符型　　　　D. 双精度型

12. Visual Basic 认为下面（　　）组变量是同一个变量。
    A. A1 和 a1　　　　　　　　　　　B. Sum 和 Summary
    C. Aver 和 Average　　　　　　　　D. A1 和 A_1

13. 下列叙述中不正确的是（　　）。

A. 变量名的第一个字符必须是字母
B. 变量名的长度不超过 255 个字符
C. 变量名可以包含小数点或者内嵌的类型声明字符
D. 变量名不能使用关键字

14. 在 VB 中注释语句，使用（　　）符号来标志。
A. #　　　　　　B. *　　　　　　C. '　　　　　　D. @

15. 一个变量要保存–32 786，不应保存成（　　）型变量。
A. Integer　　　B. Long　　　　C. Single　　　D. Double

16. 强制显式声明变量，可在窗体模块或标准模块的通用声明段中加入语句（　　）。
A. Option Base 0　　B. Option Explicit　　C. Option Base 1　　D. Option Compare

17. Int(100*Rnd(1))产生的随机整数的闭区间是（　　）。
A. [0,99]　　　　B. [1,100]　　　C. [0,101]　　　D. [1,99]

18. 求一个三位正整数 N 的十位数的正确方法是（　　）。
A. Int (N/10)–Int(N/100)*10　　　　B. Int (N/10)–Int(N/100)
C. N–Int (N/100)*100　　　　　　　D. Int(N–Int(N/100)*100)

19. 函数 Right("Beijing",4)的值是（　　）。
A. Beij　　　　　B. jing　　　　C. eiji　　　　D. ijin

20. 函数 Mid("SHANGHAI",6,3)的值是（　　）。
A. SHANGH　　　B. SHA　　　　C. ANGH　　　D. HAI

21. 函数 InStr("VB 程序设计教程","程序")的值为（　　）。
A. 1　　　　　　B. 2　　　　　　C. 3　　　　　　D. 9

22. 表达式 Len("VB 程序设计 ABC")的值是（　　）。
A. 10　　　　　B. 14　　　　　C. 20　　　　　D. 9

23. Rnd( )函数不可能产生值（　　）。
A. 0　　　　　　B. 1　　　　　　C. 0.1234　　　D. 0.00005

24. 表达式(–1)*Sgn (–100+Int(Rnd*100))的值是（　　）。
A. 0　　　　　　B. 1　　　　　　C. –1　　　　　D. 随机数

25. 下面表达式中，（　　）的运算结果与其他三个不同。
A. Exp(–3.5)　　B. Int(–3.5)+0.5　　C. –Abs(–3.5)　　D. Sgn(–3.5)–2.5

26. 表达式 Int(8*Sqr(36)*10^(–2)*10+0.5)/10 的值是（　　）。
A. .48　　　　　B. .048　　　　C. .5　　　　　D. .05

27. 表达式"123"&"100"&200 的值是（　　）。
A. 423　　　　　B. 123 100 200　　C. "123100200"　　D. 123 300

28. 函数 Int(123.55)的值是（　　）。
A. 123　　　　　B. 124　　　　　C. 123.55　　　D. 123.6

29. 代数式(a+b)÷(5÷c+d÷2)的 VB 表达式是（　　）。
A. (a+b)/(5/c+d/2)　　　　　　　B. (a+b)/5/c+d/2
C. (a+b)/(5/c+0.5)　　　　　　　D. a+b/(5/c+d/2)

30. \、/、Mod、*四个算术运算符中，优先级最低的是（　　）。
A. \　　　　　　B. /　　　　　　C. Mod　　　　D. *

31. 表达式(7\3+1)+(18\5-1)的值是（　　）。
    A. 8.67　　　　B. 7.8　　　　　C. 5　　　　　　D. 6.67
32. 表达式 5^2 Mod 25\2^2 的值是（　　）。
    A. 1　　　　　B. 0　　　　　　C. 6　　　　　　D. 4
33. 表达式 25.28 Mod 6.99 的值是（　　）。
    A. 1　　　　　B. 5　　　　　　C. 4　　　　　　D. 出错
34. 表示条件"身高 T 超过 1.7 米且体重 W 小于 62.5 千克"的布尔表达式为（　　）。
    A. T>=1.7 And W<=62.5　　　　　　B. T<=1.7 Or W>=62.5
    C. T>1.7 And W<62.5　　　　　　　D. T>1.7 Or W<62.5
35. 表达式"12"+34 的值是（　　）。表达式"12"&"34"的值是（　　）。
    A. "1234"、46　　　　　　　　　　B. "12""34"、46
    C. "46"、"1234"　　　　　　　　　D. 46、"1234"
36. 已知 X<Y，A>B，正确表示它们之间关系的式子是（　　）。
    A. Sgn(Y-X)-Sgn(A-B)<0　　　　　B. Sgn(X-Y)-Sgn(A-B)=-2
    C. Sgn(X-Y)-Sgn(A-B)=0　　　　　D. Sgn(X-Y)-Sgn(A-B)=-1
37. 表达式 X+1<X 是（　　）。
    A. 算术表达式　　　　　　　　　　B. 非法表达式
    C. 字符串表达式　　　　　　　　　D. 关系表达式
38. 在一个语句行内写多条语句时，语句之间应该用（　　）分隔。
    A. 逗号　　　　B. 分号　　　　　C. 顿号　　　　　D. 冒号
39. 有说明语句 Dim x!，则 x 是（　　）类型的变量。
    A. 整型　　　　B. 长整型　　　　C. 单精度浮点型　D. 双精度浮点型
40. 设 a="MicrosoftVisualBasic"，则以下使变量 b 的值为"VisualBasic"的语句是（　　）。
    A. b=Left(a,10)　B. b=Mid(a,10)　C. b=Right(a,10)　D. b=Mid(a,11,10)
41. 在 VB 中，下面四个数作为常量，有语法错误的是（　　）。
    A. 123.456#　　B. 1234！　　　　C. 1.23D-23　　　D. 1.89E1.1
42. 从字符串变量 Cstr 中取右边 4 个字符，应使用（　　）函数。
    A. Left(Cstr,3,4)　B. Right(Cstr,1,4)　C. Mid(Cstr,3,4)　D. Right(Cstr,4)
43. 在 VB 中要在一行中书写多条语句，各语句之间使用（　　）符号来分隔。
    A. ：　　　　　B. *　　　　　　C. —　　　　　　D. @
44. 若要处理一个值为 50 000 的整数，应采用 VB 标准数据类型（　　）描述更合适。
    A. Integer　　　B. Long　　　　C. Single　　　　D. String
45. 在 VB 中声明了 Variant 变量，但未赋值，则系统默认其初始化值为（　　）。
    A. 0　　　　　B. ""　　　　　　C. False　　　　D. Empty
46. 表达式"392"+True 的运算结果为（　　）。
    A. 391　　　　B. 392　　　　　C. 303　　　　　D. 392True
47. 在 VB 中，对于已经声明但没有赋值的整型变量，系统的默认值为（　　）。
    A. False　　　　B. True　　　　C. 0　　　　　　D. 1
48. 以下关于全局变量的描述中，正确的是（　　）。
    A. 全局变量只能在标准模块中声明

B. 全局变量除了能在标准模块中声明，还能在窗体的通用部分声明
C. 没有显式声明过的变量，系统将默认作为全局变量处理
D. 由于全局变量可以在各个模块中被访问，所以程序中应尽可能多地使用全局变量

49. 设 a=6，b=3，c=1，执行语句 Print a＞b＞c 后，窗体上显示的是（　　）。
A. True　　　　　　B. False　　　　　　C. 1　　　　　　D. 出错信息

50. 在使用 MsgBox( )时，必须设置的参数是（　　）。
A. 提示　　　　　　B. 按钮　　　　　　C. 标题　　　　　　D. 无

二、填空题

1. 设 A=2，B=3，C=4，D=5，写出下列布尔表达式的值。
① A＞B And C＜=D Or 2*A＞C_____
② 3＞2*B Or A=C And B＜＞C Or C＞D_____
③ Not A＜=C Or 4*C=B^2 And B＜＞A+C_____

2. 若 A=20，B=80，C=70，D=30，则表达式 A+B＞160 Or (B*C＞200 And Not D＞60) 的值是_____。

3. 设 A=2，B=−2，则表达式 A/2+1＞B+5 Or B*(−2)=6 的值是_____。

4. 设 A=2，B=−4，则表达式 3*A＞5 Or B+8＜0 的值是_____。

5. 关系式 X≤−5 或 X≥5 所对应的布尔表达式是_____。

6. 关系式 −5≤x≤5 所对应的布尔表达式是_____。

7. X 是小于 100 的非负数，对应的布尔表达式是_____。

8. 一元二次方程 $ax^2+bx+c=0$ 有实根的条件是：a≠0，并且 $b^2-4ac≥0$，表示该条件的布尔表达式是_____。

9. 表达式 4+5\6*7/8 Mod 9 的值是_____。

10. 在变量名后加上_____类型符，表示该变量是单精度变量。

11. 假设 x 是正实数，对 x 保留两位小数，第 3 位四舍五入的表达式是_____。

12. 写出下面 Format( )函数的值：
① Format(5459.4,"##,##0.00")值为_____。
② Format(334.9,"####")值为_____。
③ Format(0.6725,"0.00")值为_____。
④ Format(0.6725,"#.00")值为_____。
⑤ Format("HELLO","＜")值为_____。
⑥ Format("This is it","＞")值为_____。

13. 执行语句 s=Len(Mid("可视化 Basic",4))后，s 的值是_____。

14. 关系表达式"ABC"＞"AbC"的值为_____。

15. 如果有以下程序代码，则输出结果是_____。

```
x=10
y=5
print x^2>=y^3
```

16. Shell( )函数的作用是在程序运行过程中调用一个_____文件。

17. 若在程序中使用 Dim a,b as String*4 声明 a、b 两个变量，则变量 a 的类型为_____，变量 b 的类型是_____。

18. 确定字符串 Str2 在字符串 Str1 中起始位置的函数是_____。

19. 表达式 Int(Rnd*30+2)的取值范围为_____。

20. 表达式 Str(Int(−2.3)+Sgn(6)+Sqr(25))的值为_____。

21. 算术式 ln(x)+sin(30°)的 Visual Basic 表达式为_____。

22. 声明单精度常量 PI 代表 3.1415926 的语句是_____。

23. #20/5/01#表示_____类型常量。

24. 设 I 为大于 0 的实数，写出大于 I 的最小整数的表达式_____。

25. 语句 "Dim C As_____" 定义的变量 C，可用于存放控件的 Caption 的值。

三、简答题

1. 将变量 SUM1、SUM2 定义为单精度型，M、N 定义为整型，S1、S2 定义为字符串型。YN 定义为布尔型。写出相应的定义语句。

```
Dim SUM1 As Single,SUM2 As Single
Dim M As Integer,N As Integer
Dim S1 As String,S2 As String
Dim YN As Boolean
```

2. 设在窗体上有标签 Label1，给以下程序的每一条语句（除第一条和最后一条语句之外）加上注解，说明语句的功能。

```
private Sub Form_Load( )
  Show
  Const Pi=3.14
  Dim r As Single,s AS Single
  r=Val(InputBox("请输入半径","计算圆的面积",2))
  s=pi*r^2
  Label1.Caption=s
End Sub
```

第 3 章习题参考答案

第4章 Visual Basic 顺序结构

一、选择题

1. InputBox 函数返回值的类型为（　　）。
   A. 数值　　　　　　　　　　　B. 字符串
   C. 变体　　　　　　　　　　　D. 数值或字符串（视输入的数据而定）

2. 在 Visual Basic 代码中，将多个语句合并写在一行上的并行符是（　　）。
   A. 撇号（'）　　B. 冒号（:）　　C. 感叹号（!）　　D. 星号（*）

3. 对用 MsgBox 显示的消息框，下面（　　）是错的。
   A. 可以有一个按钮　　　　　　B. 可以有两个按钮
   C. 可以有三个按钮　　　　　　D. 可以有四个按钮

4. 下列说法不正确的是（　　）。
   A. "="是赋值符号
   B. "="是判断符号
   C. "="可将右边的值赋给左边
   D. "if (true=true) then msgbox "" " 在 vb 中通不过

5. 在窗体上画一个命令按钮（名称为Command1），编写如下事件过程：

```
Private Sub Command1_Click( )
    b = 5
    c = 6
    Print a = b + c
End Sub
```

程序运行后，单击命令按钮，输出的结果是（　　）。
   A. a=11　　　　B. a=b+c　　　　C. a=　　　　D. False

6. 在窗体上画一个命令按钮（名称为Command1），然后编写如下事件过程：

```
Private Sub Command1_Click( )
    Dim b As Integer
    b = b + 1
End Sub
```

运行程序，三次单击命令按钮后，变量 b 的值是（　　）。
   A. 0　　　　　B. 1　　　　　C. 2　　　　　D. 3

7. 执行下列语句后，显示输入对话框，此时如果单击"确定"按钮，则变量 strInput 的内容是（　　）。

```
strInput=InputBox("请输入字符串","字符串对话框","字符串")
```

   A. "请输入字符串"　　　　　　B. "字符串对话框"

C. "字符串"　　　　　　　　　　　D. 空字符串

8. 假定程序中有以下语句：

```
answer = MsgBox("String1",,"String2","String3",2)
```

执行该语句后，将显示一个信息框，此时如果单击"确定"按钮，则 answer 的值为（　　）。

A. String1　　　B. String2　　　C. String3　　　D. 1

9. 在窗体上画一个命令按钮和一个文本框，其名称分别为 Command1 和 Text1，把文本框的 Text1 属性设置为空白，然后编写如下事件过程：

```
Private Sub Command1_Click( )
    Dim a, b
    a = InputBox("Enter an Integer")
    b = text1.Text
    text1.Text = b + a
End Sub
```

程序运行后，先在文本框中输入 456，然后单击命令按钮，在输入对话框中输入 123，如果单击"确定"按钮，则文本框中显示的内容是（　　）。

A. 579　　　B. 123　　　C. 456123　　　D. 456

10. 设有如下变量声明：

```
Dim TestDate As Date
```

为变量 TestDate 正确赋值的表达方式是（　　）。

A. TestDate=#1/1/2002#　　　　　　B. TestDate=#"1/1/2002"#
C. TestDate=date("1/1/2002")　　　D. TestDate=Format("m/d/yy","1/1/2002")

11. 如果在立即窗口中执行以下操作（<CR>是回车键）：

```
a=8   <CR>
b=9   <CR>
print a>b  <CR>
```

则输出结果是（　　）。

A. -1　　　B. 0　　　C. False　　　D. True

12. 下列程序段的执行结果为（　　）。

```
X=2.4:Z=3:K=5
Print "A(";X+Z*K;")"
```

A. A(17)　　　B. A(17.4)　　　C. A(18)　　　D. A(2.4+3*5)

13. 下列程序段的显示结果为（　　）。

```
x = 0
Print x - 1
x = 3
```

A. -1　　　B. 3　　　C. 2　　　D. 0

14. 设有语句：

```
X=InputBox("输入数值","0","示例")
```

程序运行后，如果从键盘上输入数值 10 并按 Enter 键，则下列叙述中正确的是（　　）。

A. 变量 X 的值是数值 10

B. 在 InputBox 对话框标题栏中显示的是"示例"
C. 0 是默认值
D. 变量 X 的值是字符串"10"

二、填空题

1. 下列语句输出的结果是_____。
```
a$="Good"
b$="Morning"
print a$+b$
b$="Evening"
print  a$ & b$
```

2. 执行下列语句后，输出的结果是_____。
```
s$="ABCDEFGHIJK"
print  instr(s$,"efg")
print  lcase$(s$)
```

3. 执行下面的程序段后，b 的值为_____。
```
a = 300
B = 20
a = a + B
B = a - B
a = a - B
```

4. 执行下面的语句后，所产生的信息框的标题是_____。
```
a=msgbox("AAAA",,"BBBB","",5)
```

第 4 章习题参考答案

第5章 Visual Basic 选择结构

一、选择题

1. 分支结构的程序在进行判断后，可分别控制程序有（   ）个以上的走向。
   A. 1   B. 2   C. 3   D. 8
2. 语句 If x=1 Then y=1，下列说法正确的是（   ）。
   A. x=1 和 y=1 均为赋值语句   B. x=1 和 y=1 均为关系表达式
   C. x=1 为关系表达式，y=1 为赋值语句 D. x=1 为赋值语句，y=1 为关系表达式
3. 设 a=3，b=4，c=5，d=6，表达式 Not a<=c Or 4*c=b^2 And b<>a+c 的值是（   ）。
   A. −1   B. 1   C. true   D. false
4. 设 a=5，b=4，c=7，d=2，表达式 3>5*b Or a=c And b<>c Or c>d 的值是（   ）。
   A. 1   B. 2   C. true   D. false
5. 设 a=4，b=5，c=2，d=1，表达式 a>b+1 Or c<d And b Mod c 的值是（   ）。
   A. 1   B. −1   C. true   D. 0
6. 以下关系表达式中，其值为 False 的是（   ）。
   A. "ABC">"ABc"   B. "the"<>"they"
   C. "CHINA"=UCase("China")   D. "Integer">"Integ"
7. 设 a=9，b=6，c=7，d=10，执行语句 x=IIf((a>b)And(c>d), 10,20) 后，x 的值为（   ）。
   A. 10   B. 20   C. true   D. false
8. 设 a="f", b="b", c="c", d="d"，执行语句 x=IIf((a>b)Or(c>d), "F","C")后，x 的值为（   ）。
   A. "f"   B. "c"   C. "F"   D. "C"
9. 下列各程序段中，正确的是（   ）。
   A. If 10<10 Then a=a+10 End If
   B. If a>10 Then a=a+1 Else a= a+5 End If
   C. If a<=10 Then
         a=a+1
      Else
      End If
   D. If a<=10 Then
         a=a+1
            Else If a<=20 Then
         a=a+10
      End If
10. 下列程序段的结果为（   ）。其中，Sgn( )函数用于返回参数的正负号，参数为正数，则返回 1，参数为 0，则返回 0，参数为负数，则返回−1。

```
x=-5
If Sgn(x) Then
y=Sgn(x^2)
Else:y=Sgn(x)
End If
Print y
```
A. –5　　　　　　　B. 25　　　　　　　C. 1　　　　　　　D. –1

11. 在窗体上画一个名称为 Command1 命令按钮，然后编写如下事件过程：
```
Private Sub Command1_Click( )
  Dim S As String,a As String,b As String
  a="*":b="@"
  For i=1 to 4
     If i/2=Int(i/2) Then
        S=String(Len(a)+i,b)
     Else
        S=String(Len(a)+i,a)
     End If
     Print S
  Next i
End Sub
```
运行程序后，单击 Command1 命令按钮，显示结果是（　　）。

A. @@ ***@@@@*****　　　　　　B. *@@**@@***@@@****@@@@
C. **@@@****@@@@@　　　　　　D. @*@@**@@@***@@@@****

12. 在窗体上画一个命令按钮和一个文本框，名称分别为 Command1 和 Text1，然后编写如下程序：
```
Private Sub Command1_Click( )
  a=InputBox("请输入日程安排(1~31)")
  t="工作安排:" _
    & IIf(a>0 And a<=15,"编写程序","") _
    & IIf(a>15 And a<=23,"调试程序","") _
    & IIf(a>23 And a<=31,"书写文档","")
  Text1.Text=t
End Sub
```
程序运行后，如果从键盘上输入 16，则在文本框显示的内容是（　　）。

A. 工作安排：编写程序调试程序　　B. 工作安排：编写程序书写文档
C. 工作安排：书写文档　　　　　　D. 工作安排：调试程序

13. 以下 Case 语句中错误的是（　　）。

A. Case 0 To 10　　　　　　　　　B. Case Is＞10
C. Case Is＞10 And Is＜50　　　　D. Case 3,5,Is＞10

14. 在窗体上画 1 个命令按钮（名称为 Command1）和 1 个文本框（名称为 Text1），然后编写如下事件过程：

```
Private Sub Command1_click( )
    x=Val(Text1.Text)
    Select Case x
      Case 1,3
        y=x*x
      Case Is>=10,Is<=-10
        y=x
Case -10 To 10
        y=-x
    End Select
End Sub
```

程序运行后，在文本框中输入 3，然后单击命令按钮，则以下叙述中正确的是（   ）。

A. 执行 y=x*x   B. 执行 y=-x
C. 先执行 y=x*x，再执行 y=-x   D. 程序出错

15. 假设 X 的值为 5，则在执行以下语句时，其输出结果为"OK"的 Select Case 语句是（   ）。

A. Select Case X   B. Select Case X
     Case 10 to 1   Case Is > 5,Is < 5
       Print "OK"   Print "OK"
   End Select   End Select
C. Select Case X   D. Select Case X
     Case Is > 5,1,3 to 10   Case 1,3 Is > 5
       Print "OK"   Print "OK"
   End Select End Select

16. 在窗体上画一个名称为 command1 的命令按钮和两个名称分别为 Text1、Text2 的文本框，然后编写如下事件过程：

```
Private Sub Command1_Click( )
    n=val(Text1.Text)
 Select Case n
 Case 1 To 20
    x=10
 Case 2,4,6
    x=20
 Case Is<10
    x=30
 Case 10
    x=40
End Select
Text2.Text=x
```

```
End Sub
```
程序运行后，在 Text1 中输入内容是 10，然后单击命令按钮，则在 Text2 中显示（   ）。

A. 10　　　　　　　B. 20　　　　　　　C. 30　　　　　　　D. 40

17. 以下程序段是计算 10 的阶乘，在横线处需要填写的语句为（   ）。

```
Dim i As Integer, s As long
s=1: i=2
JC: s=s*i
i=i+1
If i<=10 Then _____
```

A. goto JC　　　　B. exit JC　　　　C. end JC　　　　D. return JC

18. 在窗体上画一个名称为 Text1 的文本框，要求文本框只能接收大写字母的输入。以下能实现该操作的事件过程是（   ）。

A. private Sub Text1_KeyPress(KeyAscii As Integer)
　　If KeyAscii＜65 Or KeyAscii＞90 Then
　　　　MsgBox "请输入大写字母"
　　　　KeyAscii=0
　　End If
End Sub

B. private Sub Text1_KeyDown(KeyCode As Integer,Shift As Integer)
　　If KeyCode＜65 Or KeyCode＞90 Then
　　　　MsgBox "请输入大写字母"
　　　　KeyCode=0
　　End If
End Sub

C. Private Sub Text1_MouseDown(Button As Integer, Shift As Integer, X As Single,Y As Single)
　　If Asc(Text1.Text)＜65 Or Asc(Text1.Text)＞90 Then
　　　　MsgBox "请输入大写字母"
　　End If
End Sub

D. Private Sub Text1_Change( )
　　If Asc(Text1.Text)＞64 And Asc(Text1.Text)＜91 Then
　　　　MsgBox "请输入大写字母"
　　End If
End Sub

二、填空题

1. 设 x 为整数变量，判断"x 是偶数"的表达式是_____。

2. 设 x、y、z 均是整数变量，判断"x 同时小于 y 和 z"的表达式是_____。

3. 下列程序运行时，当单击窗体后，从键盘输入一个字符，判断该字符是字母字符、数字字符还是其他字符，并做相应的显示。窗体上无任何控件，并禁用 Asc( )和 Chr( )函数，请在下划线处填入适当的内容，将程序补充完整。

```
Private Sub Form_Load( )
  Dim x As String*1
  x=_____("请输入单个字符","字符")
  Select Case UCase(    )
  Case _____
    Print x+"是字母字符"
  Case _____
    Print x+"是数字字符"
  Case Else
    Print x+"是其他字符"
  End Select
End Sub
```

三、编程题

编程实现：输入两个运算数（data1 和 data2），通过下拉列表选择一个运算符（oper），计算表达式 data1 oper data2 的值，其中 oper 为+、—、*、/、\。

第 5 章习题参考答案

第6章 Visual Basic 循环结构

一、选择题

1. 若要退出 For 循环，可使用的语句为（　　）。
   A. Exit　　　　　　B. Exit Do　　　　　C. Time　　　　　　D. Exit For
2. 下面程序的循环次数为（　　）。
```
For I=10 To 40 Step 6
    Print I
Next I
```
   A. 5　　　　　　　B. 6　　　　　　　　C. 32　　　　　　　D. 33
3. 下面程序运行后输出的结果是（　　）。
```
Private Sub Form_Click( )
  For x=5 To 2.5 Step -7
  Next x
  Print x
End Sub
```
   A. −2　　　　　　　B. 2.5　　　　　　　C. 2　　　　　　　　D. −7
4. 下列程序段的结果为（　　）。
```
s=0:t=0:u=0
For x=1 To 3
  For y=1 To x
For z=y To 3
   s=s+1
     Next z
     t=t+1
  Next y
  u=u+1
Next x
Print s;t;u
```
   A. 3　6　14　　　　B. 14　6　3　　　　C. 14　3　6　　　　D. 16　4　3
5. 有如下程序：
```
Private Sub Form_Click( )
  Dim i As Integer, sum As Integer
  sum=0
  For i=2 To 10
```

```
    If i Mod 2<>0 And i Mod 3=0 Then
       sum=sum+i
    End If
  Next i
  Print sum
End Sub
```
程序运行后，单击窗体，输出结果为（   ）。
  A. 12   B. 30   C. 24   D. 18
6. 下列程序段的执行结果为（   ）。
```
  x=5
  y=6
  For y=1 to 9 Step -3
      x=x+y
  Next y
Print y;x
```
  A. -1 5   B. -1 15   C. 1 5   D. 11 51

7. 在窗体上画一个名称为 Text1 的文本框和一个名称为 Command1 的命令按钮，然后编写如下事件过程：
```
Private Sub Command1_Click( )
  Dim i As Integer,n As Integer
  For i=0 To 50
     i=i+3
     n=n+1
     if i>10 then exit for
  Next
     text1.text=str(n)
End Sub
```
  A. 2   B. 3   C. 4   D. 5

8. 在窗体上画一个命令按钮，其名称为 Command1，然后编写如下事件过程：
```
Private Sub Command1_Click( )
   Dim i As Integer,x As Integer
   For i=1 To 6
     If i=1 Then x=i
     If i<=4 Then
        x=x+1
     Else
        x=x+2
     End If
   Next i
   Print x
End Sub
```

程序运行后,单击命令按钮,其输出结果为( )。
A. 9　　　　　　B. 6　　　　　　C. 12　　　　　　D. 15

9. 下列程序段中 s 的执行结果为( )。

```
s=""
For a=1 To 4
  For b=0 To a
    s=s+Chr(65+a)
  Next b
Next a
```

A. BBCCCDDDDEEEEE　　　　　　B. bbcccddddeeeee
C. ABABCABCDABCDE　　　　　　D. ababcabcdabcde

10. 有如下程序:

```
Private Sub FormKeyPress(KeyAscii As Integer)
  For m=1 To 3
    For j=1 To m
      For k=j To 3
        n=n+m+j-k
      Next k
    Next j
  Next m
  Print n
End Sub
```

程序运行后,按任意键,n 的值是( )。
A. 3　　　　　　B. 14　　　　　　C. 9　　　　　　D. 20

11. 在窗体上画一个名称为 Command1 命令按钮,然后编写如下事件过程:

```
Private Sub Command1_Click( )
    c="ABCD"
    For n=1 To 4
      Print _____
    Next
End Sub
```

程序运行后,单击命令按钮,要求在窗体上显示如下内容:

D
CD
BCD
ABCD

则在横线处填入的内容为( )。
A. Left(c,n)　　　B. Right(c,n)　　　C. Mid(c,n,1)　　　D. Mid(c,n,n)

12. 执行以下程序段:

```
Dim i As Integer,x As Integer
```

```
x=0
For i=20 To 1 Step -2
  x=x+i\5
Next
Print  x
```
后，x 的值为（   ）。

　　A. 16　　　　　　B. 17　　　　　　C. 18　　　　　　D. 19

13. 在窗体上画一个命令按钮，然后编写如下事件过程：

```
Private Sub Command1_Click( )
   x=0
   Sum=0
   Do Until x=-1
     a=InputBox("请输入A的值")
     a=Val(a)
     b=InputBox("请输入B的值")
     b=Val(b)
     x=InputBox("请输入x的值")
     x=Val(x)
     Sum=Sum+a+b+x
     a=a+b+x
   Loop
   Print Sum;a
End Sub
```

程序运行后，单击命令按钮，依次在输入对话框中输入 5、4、3、2、1、-1，输出结果为（   ）。

　　A. 15 2　　　　B. 14 2　　　　C. 15 3　　　　D. 15 2

14. 下面程序运行后，输出的值是（   ）。

```
Private Sub Command1_Click( )
   J=1
   While J<5
     J=J+1
     A=A+J*J
   Wend
   Print A
End Sub
```

　　A. 25　　　　　　B. 16　　　　　　C. 29　　　　　　D. 54

15. 以下程序段中，循环语句（   ）。

```
Dim x%
x=0
While not x
  x=x+1
```

```
Wend
Print x
```
    A. 是死循环   B. 有语法错误

    C. 循环体执行一次   D. 将产生"溢出"错误

16. 设有如下程序：

```
Private Sub Form_Click( )
    Dim j As Integer,sum As Integer
    j=1
    sum=0
    While j<=18
      if j mod 3=0 then sum=sum+j
      j=j+1
    Wend
    print sum
End Sub
```

    程序运行后，单击窗体，输出结果为（　　）。

    A. 24   B. 33   C. 63   D. 45

17. 在窗体上画一个命令按钮，其名称为Command1，然后编写如下事件过程：

```
Private Sub Command1_Click( )
Dim tempStr,xStr As String,strLen As Integer
tempStr=""
xStr="abcdef"
strLen=Len(xStr)
i=1
Do While i<=Len(xStr)-3
tempStr=tempStr+Mid(xStr,i,1)+Mid(xStr,strLen-i+1,1)
    i=i+1
Loop
Print tempStr
End Sub
```

    程序运行后，单击命令按钮，在窗体上显示的内容为（　　）。

    A. abcdef   B. afbecd   C. fedcba   D. defabc

18. 设有如下程序：

```
Private Sub Command1_Click( )
    Dim c As Integer,d As Integer
    c=4
    d=InputBox("请输入一个整数")
    Do While d>0
      If d>c Then
        c=c+1
      End If
```

```
        d=InputBox("请输入一个整数")
    Loop
        Print c+d
End Sub
```

程序运行后，单击命令按钮，如果在输入对话框中依次输入1、2、3、4、5、6、7、8、9、0，则输出结果是（　　）。

　　A. 12　　　　　　B. 11　　　　　　C. 10　　　　　　D. 9

19. 下面程序运行后，输出的值是（　　）。

```
n=0:s=0
Do
    s=s+n
    n=n+1
    Loop until n>=4
Print s
```

　　A. 0　　　　　　B. 6　　　　　　C. 3　　　　　　D. 10

20. 设有如下程序：

```
Private Sub Form_Click( )
    Dim n As Integer,s As Integer
    n=8
    s=0
    Do While n>0
       s=s+n
       n=n-1
Loop
Print s
End Sub
```

程序运行后，单击窗体，输出结果为（　　）。

　　A. 64　　　　　　B. 36　　　　　　C. 35　　　　　　D. 28

21. 有如下程序：

```
Private Sub Form_Click( )
  Dim Check,Counter
  Check=True
  Counter=0
  Do
    Do While Counter<20
      Counter=Counter+1
      If Counter=10 Then
        Check=False
        Exit Do
      End If
    Loop
```

```
   Loop Until Check=False
   Print Counter,Check
End Sub
```

程序运行后，单击窗体，输出结果为（   ）。

A. 15   0   B. 20   -1   C. 10   True   D. 10   False

22. 以下程序段是计算 10 的阶乘，在横线处需要填写的语句为（   ）。

```
Dim i As Integer, s As long
s=1: i=2
JC: s=s*i
i=i+1
If  i<=10  Then _____
```

A. goto JC   B. exit JC   C. end JC   D. return JC

23. 下面程序段能够实现 sum=1!+2!+3!+4!+5!的是（   ）。

A. x=1
 Sum=0
 i=1
 While i<=5
  x=x*i
  Sum=Sum+x
  i=i+1
 Wend
 Print Sum

B. x=1
 Sum=0
 i=1
 Do Until i<=5
  x=x*i
  Sum=Sum+x
  i=i+1
 Loop
 Print Sum

C. x=1
 Sum=0
 For i=1 To 5
  x=x*i
  Sum=Sum+x
  i=i+1
 Next i
 Print Sum

D. x=1
 Sum=0
 i=0
 Do
  i=i+1
  x=x*i
  Sum=Sum+x
 Loop While i<=5
 Print Sum

二、填空题

1. 通常_____循环用于循环次数确定的循环结构。

2. 利用 Do Until…Loop 循环时，是当条件_____时，进入循环。

3. 在 For…Next 循环中，若其步长为负数，则当循环变量初值_____终值时，循环体语句一次也不执行。

4. 以下程序显示出 100～999 的所有水仙花数。所谓水仙花数，就是指一个 3 位数，其各位数字的立方和等于该数本身，如 $153=1^3+5^3+3^3$。请将程序补充完整。

```
Private Sub Command1_Click( )
  Dim num%,result%
  Dim a%,b%,c%
  For num=_____ To_____
    a=num\100
    b=_____
    c=num Mod 10
    If num=_____ Then
      Print num
    End If
  Next num
End Sub
```

5. 请按要求将程序补充完整。

① 程序运行后，窗体初始化时，在左边列表框 1（名称为 List1）中列出当前屏幕对象（Screen）的所有字体，Screen 对象的 Fonts 属性（Fonts 属性是一个数组）能够得到屏幕使用的所有字体，FontCount 属性能够得到字体的数量，利用一个循环，将 Screen 对象的每个 Font(i) 添加到列表框 1 中。

② 窗体初始化时，在右边的列表框 2（名称为 List2）中列出 7，9，11，13，…，71 的数字，表示字号。

③ 当用户在列表框 1 中单击选中某种字体名时，或在列表框 2 中单击选中某一字号时，使窗体中的 Label1 的文字设置为相应的字体与字号。

```
Private Sub Form_Load( )
  For i=0 To Screen.FontCount-1
    List1.AddItem  Screen.Fonts(i)
  Next i
  For i=_____ To 71 Step_____
    _____
  Next i
End Sub
Private Sub List1_Click( )
  _____
End Sub
Private Sub List2_Click( )
  _____
End Sub
```

6. 下面程序的功能是从键盘输入一个大于 100 的整数 m，计算并输出满足不等式 $1+2^2+3^2+4^2+\cdots+n^2<m$ 的最大的 n。请填空。

```
Private Sub Command1_Click( )
  Dim s,m,n As Integer
  m=Val(InputBox("请输入一个大于100的整数"))
  n=_____
```

```
    s=0
    Do While s<m
      n=n+1
      s=s+n*n
    Loop
    Print "满足不等式的最大n是";_____
End Sub
```

三、编程题

1. 编程实现：计算 1~10 的阶乘，并在窗口上打印出结果。

2. 输入 10 个整数，并按照正负数分类打印在窗体上，分别统计正数个数和负数个数，并计算正数之和和负数之和。

3. 在窗体上画一个命令按钮和一个文本框，然后编写命令按钮的 Click 事件过程。程序运行后，在文本框中输入一串英文字母（不区分大小写），单击命令按钮，程序可找出未在文本框中输入的其他所有英文字母，并以大写方式降序显示到 Text1 中。

4. 在窗体上画一个文本框和一个 Command 控件，通过文本框输入一个不多于 5 位的正整数，单击 Command 按钮后，在窗体上显示出输入的是几位数，并按逆序打印出每一位数字。例如，原数为 321，应输出 123。

第 6 章习题参考答案

第7章 数 组

一、选择题

1. 假定建立了一个名为 Command1 的命令按钮数组，则以下说法中错误的是（   ）。
   A. 数组中每个命令按钮的名称（Name 属性）均为 Command1
   B. 数组中每个命令按钮的标题（Caption 属性）都一样
   C. 数组中所有命令按钮可以使用同一个事件过程
   D. 用名称 Command1(下标)可以访问数组中的每个命令按钮

2. 语句 Dim A(-2 To 5) As Integer 所定义的数组的元素个数是（   ）。
   A. 6   B. 7   C. 8   D. 9

3. 语句 Dim arr(3 To 6, 0 To 5)所定义的数组的元素个数是（   ）。
   A. 20   B. 12   C. 15   D. 24

4. 由 Array( )函数建立的数组的类型必须是（   ）。
   A. Integer   B. Char   C. Variant   D. double

5. 若有定义 Dim arr(5,4)，则对数组元素引用正确的是（   ）
   A. a[3,5]   B. a(5)   C. a(0,0)   D. a[0,0]

6. 以下关于数组声明中，合法的是（   ）。
   A. Dim a   B. Dim a（   ） as Integer
      a=Array(1,7,9,0)   a=Array(1,2,3,4)
   C. Dim n as Integer   D. Dim a（   ）
      Dim a(n) as Integer   a=new Array(1,5,6,4)

7. 以下关于给数组元素赋值的语句中，合法的是（   ）。
   A. Dim a(4) as   Integer   B. Dim a as Variant
      a=Array(1,9,10,0)   a=Array(1,2,3,4)
   C. Dim a %(10)   D. Dim a（   ） as Integer
      a(1)="China"   a=Array(1,2,3,4)

8. 要使动态数组重新分配空间后不清除原来的元素的值，应在 ReDim 后加上关键字（   ）。
   A. Option   B. preserve   C. public   D. Static

9. 控件数组的名字由_____属性指定，而控件数组中的每个元素由_____属性指定。（   ）
   A. 控件名称 index   B. Name index   C. Caption index   D. Caption tabindex

10. 下列对控件数组的说法错误的是（   ）。
    A. 每个成员的 Caption 属性可以不同
    B. 每个成员的名称可以不同

C. 每个成员的索引值可以改变

D. 控件数组中的每个成员控件必须是相同类型

11. 在窗体上画 4 个 Label 控件，并用这 4 个 Label 控件建立 1 个控件数组，名称为 Label1，编写如下事件过程：

```
Private Sub Form_Click( )
    For Each Label In Label1
    Label1(i).Caption="L"+CStr(Label1(i).Index)
    i=i+1
  Next
End Sub
```

程序运行后，单击窗体，4 个 Label 控件中显示的内容分别为（　　）。

A. L0　L1　L2　L3　　　　　　B. L1　L2　L3　L4

C. L0　L1　L3　L2　　　　　　D. 出错

12. 下列程序的输出结果是（　　）。

```
Dim a(5),b(5)
For j=1 To 4
  a(j)=3*j
  b(j)=a(j)*3
Next j
Print b(j-2)
```

A. 24　　　　　　B. 18　　　　　　C. 27　　　　　　D. 36

13. 在窗体上画一个命令按钮，名称为 Command1，然后编写如下代码：

```
Option Base 0
Private Sub Command1_Click( )
  Dim A(4) As Integer,B(4)As Integer
  For k=0 To 2
      A(k+1)=InputBox("请输入一个整数")
      B(3-k)=A(k+1)
  Next k
  Print B(k)
End sub
```

程序运行后，单击命令按钮，在输入对话框中分别输入 2、4、6，输出结果为（　　）。

A. 0　　　　　　B. 2　　　　　　C. 3　　　　　　D. 4

14. 在窗体上画一个命令按钮（其 NAME 属性为 Command1），然后编写如下代码：

```
Option Base 1
Private Sub Command1_Click( )
Dim a
s=0
a=Array(1,2,3,4):j=1
For i=4 To 1 Step-1
```

195

```
      s=s+a(i)*j
      j=j*10
  Next i
  Print s
End Sub
```
运行上面的程序，单击命令按钮，其输出结果是（　　）。
A. 4321　　　　　B. 1234　　　　　C. 34　　　　　D. 12

15. 设有命令按钮 Command1 的单击事件过程，代码如下：
```
Private Sub Command1_Click( )
  Dim a(3,3)As Integer
  For i=1 To 3
    For j=1 To 3
      a(i,j)=i*j+i
    Next j
   Next i
   Sum=0
   For i=1 To 3
   Sum=Sum+a(i,4-i)
    Next i
     Print Sum
End Sub
```
运行程序，单击命令按钮，输出结果是（　　）。
A. 20　　　　　B. 7　　　　　C. 16　　　　　D. 17

16. 在窗体上画一个名称为 Text1 的文本框和一个名称为 Command1 的命令按钮，然后编写如下事件过程：
```
Private Sub Command1_Click( )
  Dim array1(10,10)As Integer
  Dim i As Integer,j As Integer
  For i=1 To 3
    For j=2 To 4
      array1(i,j)=i+j
    Next j
   Next i
 Text1.Text=array1(2,3)+array1(3,4)
 End Sub
```
程序运行后，单击命令按钮，在文本框中显示的值是（　　）。
A. 12　　　　　B. 13　　　　　C. 14　　　　　D. 15

17. 有如下程序：
```
Option Base 1
Private Sub Form_Click( )
  Dim arr,Sum
```

```
    Sum=0
    arr=Array(1,3,5,7,9,11,13,15,17,19)
    For i=1 To 10
      If arr(i)/3=arr(i)\3 Then
        Sum=Sum+arr(i)
      End If
    Next i
    Print Sum
End Sub
```
程序运行后，单击窗体，输出结果为（   ）。
A. 25   B. 26   C. 27   D. 28

18. 在窗体画一个命令按钮，然后编写如下事件过程：
```
Private Sub Command1_Click( )
  Dim a(5)As String
  For i=1 To 5
    a(i)=Chr(Asc("A")+(i-1))
  Next i
  For Each b In a
    Print b;
  Next
End Sub
```
程序运行后，单击命令按钮，输出结果是（   ）。
A. ABCDE   B. 1 2 3 4 5   C. abcde   D. 出错信息

19. 在窗体上画一个名称为Command1的命令按钮，然后编写如下程序：
```
Option Base1
Private Sub Command1_Click(    )
 Dim a As Variant
  a=Array(1,2,3,4,5)
  Sum=0
  For i=1To 5
    Sum=Sum+a(i)
  Next i
  x=Sum/5
  For i=1 To 5
    If a(i)>x Then Print a(i);
  Next i
End Sub
```
程序运行后，单击命令按钮，在窗体上显示的内容是（   ）。
A. 1 2   B. 1 2 3   C. 3 4 5   D. 4 5

20. 窗体上一命令按钮（Command1）的Click事件的代码如下：
```
Private Sub Command1_Click( )
```

```
Dim M(10) As Integer
For k=1 To 10
  M(k)=12-k
Next k
x=6
Print M(2+M(x))
End Sub
```

程序运行后，单击命令按钮，输出结果为（   ）。

A. 12   B. 8   C. 4   D. 6

21. 在窗体上画一个名称为 Command1 的命令按钮，然后编写如下程序：

```
Option Base 1
Private Sub Command1_Click( )
   Dim c As Integer,d As Integer
   d=0
   c=6
   x=Array(2,4,6,8,10,12)
   For i=1 To 6
      If x(i)>c Then
        d=d+x(i)
        c=x(i)
     Else
        d=d-c
     End If
   Next
   Print d
End Sub
```

程序运行后，如果单击命令按钮，则在窗体上输出的内容为（   ）。

A. 10   B. 16   C. 12   D. 20

22. 下列程序的输出结果是（   ）。

```
Option Base 1
Dim a(10),p(3) As Integer
k=5
For i=1 To 10
 a(i)=i
Next i
For i=1 To 3
 p(i)=a(i*i)
Next i
For i=1 To 3
 k=k+p(i)*2
Next i
```

```
Print k
```
A. 35　　　　　　B. 28　　　　　　C. 33　　　　　　D. 37

23. 窗体上一命令按钮（Command1）的 Click 事件的代码如下：
```
Private Sub Command1_Click( )
  Dim n( ) As Integer
  Dim a,b As Integer
  a=InputBox("Enter the first number")
  b=InputBox("Enter the second number")
  ReDim n(a To b)
   For k=Lbound(n,1) To Ubound(n,1)
   n(k)=k
   Print"n(";k;")=";n(k)
  Next k
End Sub
```
程序运行后，单击命令按钮，在输入对话框中分别输入 2 和 3，输出结果为（　　）。

A. n(2)=2　　　　B. n(1)=1　　　　C. n(1)=1　　　　D. n(0)=0
　 n(3)=3　　　　　 n(2)=2　　　　　 n(3)=3　　　　　 n(1)=1

24. 执行了下面程序后，显示的结果是（　　）。
```
Option Base 1
Private Sub Command1_Click( )
Dim t As Integer
Dim a( ) As Variant
a=Array (2,4,6,8,10,1,3,5,7,9)
For i=1 to 10\2
  t=a(i)
  a(i)=a(10-i+1)
  a(10-i+1)=t
Next i
For j=1 to 10
  Print a(j);
Next j
End Sub
```
A. 2 4 6 8 10 1 3 5 7 9　　　　　　B. 1 3 5 7 9 2 4 6 8 10
C. 9 7 5 3 1 10 8 6 4 2　　　　　　D. 10 8 6 4 2 9 7 5 3 1

25. 下列程序的输出结果是（　　）。
```
Dim a(5,5)
For i=1 To 3
  For j=1 To 4
    a(i,j)=i*j
  Next j
Next i
```

```
For n=1 To 2
  For M=1 To 3
  Print a(M,n);
 Next M
Next n
```
A. 1 2 3 2 4 6　　B. 1 2 3 4 5 6　　C. 1 2 3 4 6 8　　D. 1 4 6 8 9 12

26. 在窗体上画一个名称为 Label1 的标签，然后编写如下事件过程：
```
Private Sub Form_Click( )
  Dim arr(4,4) As Integer
  Dim i As Integer,j As Integer
  For i=2 To 4
    For j=2 To 4
      arr(i,j)=i*j
    Next j
  Next i
  Label1.Caption=Str(arr(2,2)+arr(3,3))
End Sub
```
程序运行后，单击窗体，在标签中显示的内容是（　　）。
A. 12　　　　　　B. 13　　　　　　C. 14　　　　　　D. 15

27. 在窗体上画一个名称为 Text1 的文本框和一个名称为 Command1 的命令按钮，然后编写如下事件过程：
```
Private Sub Command1_Click( )
  Dim array1(8,6) As Integer
  Dim i As Integer,j As Integer
  For i=1 To 4
    For j=2 To 6
      array1(i,j)=i+j
    Next j
  Next i
  Text1.Text=array1(2,4)+array1(3,6)
End Sub
```
程序运行后，单击命令按钮，在文本框中显示的值是（　　）。
A. 12　　　　　　B. 13　　　　　　C. 14　　　　　　D. 15

28. 有以下程序：
```
Option Base 1
Dim arr( )As Integer
Private Sub Form_Click( )
  Dim i As Integer,j As Integer
  ReDim arr(3,2)
  For i=1 To 3
    For j=1 To 2
```

```
      arr(i,j)=i*2+j
   Next j
 Next i
 ReDim Preserve arr(3,4)
 For j=3 To 4
    arr(3,j)=j+9
   Next j
   Print arr(3,2);arr(3,4)
 End Sub
```

程序运行后，单击窗体，输出结果为（　　）。

A．8　13　　　　B．0　13　　　　C．7　12　　　　D．0　0

29．在窗体上画 4 个文本框，并用这 4 个文本框建立一个控件数组，名称为 Text1（下标从 0 开始，自左至右顺序增大），然后编写如下事件过程：

```
Private Sub Command1_Click( )
    For Each TextBox In Text1
        Text1(i)=Text1(i).Index
        i=i+1
   Next
End Sub
```

程序运行后，单击命令按钮，4 个文本框中显示的内容分别为（　　）。

A．0　1　2　3　　　　B．1　2　3　4　　　　C．0　1　3　2　　　　D．出错信息

30．设有命令按钮 Command1 的单击事件过程，代码如下：

```
Private Sub Command1_Click( )
  Dim a(30) As Integer
  For i=1 To 30
    a(i)=Int(Rnd*100)
  Next
  For Each arrItem In a
    If arrItem Mod 7=0 Then
       Print arrItem
       If arrItem>90 Then Exit For
  Next
End Sub
```

对于该事件过程，以下叙述中错误的是（　　）。

A．a 数组中的数据是 30 个 100 以内的整数

B．语句 For Each arrItem In a 有语法错误

C．If arrItem Mod 7=0…语句的功能是输出数组中能够被 7 整除的数

D．If arrItem＞90…语句的作用是当数组元素的值大于 90 时退出 For 循环

二、填空题

1. 用 Array( )函数建立一个含有 10 个元素的数组,然后查找并输出该数组中各元素的最小值和最大值。请完成下面的程序。

```
Option Base 1
Private Sub Command1_Click( )
  Dim arr1
  Dim Min As Integer, Max As Integer,i As Integer
  arr1=Array(12,435,76,-24,78,54,1,43,0,23)
  Min=_____
  Max=_____
  For i=2 To _____
    If _____<Min Then
      _____
    ElseIf _____>Max Then
      _____
    _____
    _____
  Print "最小值是:";Min
  Print "最大值是:";Max
End Sub
```

2. 下面的程序用"冒泡"排序法将数组 a 中的 10 个整数按升序排列,请将程序补充完整。

```
Option Base 1
Private Sub Command1_Click( )
  Dim a
  a=Array(-2,5,24,58,43,-10,87,75,27,83)
  For i=1 To 9
    For j=_____
      If a(j)>_____ Then
        t=a(j)
        _____
        a(j+1)=t
      End If
    Next j
  _____
  For i=1 To 10
    Print a(i)
  Next i
End Sub
```

3. 下面程序的功能是产生 n 个数值在 1～10 的随机数，然后将其中出现重复的数组元素删除。请在空格处填入相应的语句，使之完成上述功能。

```
Option Base 1
Private Sub Command1_Click( )
  Dim arr( ),Ub As Integer
  n=InputBox("请输入数组个数 n")
  _____
  Randomize
  For i=2 To n  '生成数组的随机数
    _____
    Print arr(i)
  Next
  Print
  n=1
  Ub=Ubound(arr)
  Do While n<Ub
    i=n+1
    Do While i<=Ub
      If arr(n)=arr(i) Then
        For j=i To Ub-1
          _____
        Next j
        Ub=Ub-1
        _____
      Else i=i+1
      End If
    Loop
    _____
  Loop
  For i=1 To Ubound(arr)
    Print (arr(i))
  Next i
End Sub
```

4. 以下程序的功能是：将一维数组 A 中的 100 个元素分别赋给二维数组 B 的每个元素并打印出来，要求把 A(1)～A(10)依次赋给 B(1,1)～B(1,10)，把 A(11)～A(20)依次赋给 B(2,1)～B(2,10)，…，把 A(91)～A(100)依次赋给 B(10,1)～B(10,10)。请填空。

```
Option Base 1
Private Sub Form_Click( )
  Dim i As Integer,j As Integer
  Dim A(1 To 100)As Integer
  Dim B(1 To 10,1 To 10)As Integer
```

```
For i=1 To 100
  A(i)=Int(Rnd*100)
Next i
For i=1 To _____
  For j=1 To _____
    B(i,j)=_____
    Print B(i,j);
  Next j
    Print
  Next i
End Sub
```

三、编程题

1. 输入一个字符串，统计其中小写字母、大写字母、数字、关系字符的个数。
2. 计算 4×5 二维矩阵的最外围一圈的元素的累加和。二维数组元素的值自行设置。
3. 利用函数产生两位的随机数构成一个 4×3 的二维数组，并将该二维数组转秩，存放在另外一个二维数组中，并求出两个数组的乘积。
4. 编写程序，对文本进行格式设置。操作界面如实验部分图 7-4 所示。要求使用控件数组。
5. 在窗口上显示一个已经按升序排序好的字符串 str1（使用 Label 控件显示），在 text 文本框中，用户输入任意字符串 str2 后，将 str2 插入 str1 中，并重新显示按升序排序好的字符串。

第 7 章习题参考答案

第8章 过 程

一、选择题

1. 可以在窗体模块的通用声明段中声明的是（　　）。
   A. 全局常量　　　　　　　　　　　B. 全局用户自定义类型
   C. 全局数组　　　　　　　　　　　D. 全局变量
2. 定义过程的局部变量时，用关键字（　　）表示被定义的变量在调用离开过程之后，仍保留其值。
   A. Public　　　　B. ByVal　　　　C. Static　　　　D. Dim
3. 用 Static 关键字能定义的变量是（　　）。
   A. 局部变量　　　　　　　　　　　B. 全局变量
   C. 局部变量和全局变量　　　　　　D. 只能是窗体级变量
4. 对于 Static 语句的使用，下列叙述不正确的是（　　）。
   A. 用 Static 语句定义的变量可以与模块级变量或全局变量重名
   B. Static 语句只能出现在过程（事件过程、Sub 过程、Function 过程）中
   C. 用 Static 语句可以把一个事件过程中的所有变量定义为静态变量
   D. 用 Static 语句只能定义静态数组
5. 关于 Function 过程与 Sub 过程两者的异同，下列叙述错误的是（　　）。
   A. Function 过程与 Sub 过程都有各自的变量声明和各自的过程体
   B. Function 过程与 Sub 过程都必须有形参
   C. Function 过程定义中必须为过程名赋值，而 Sub 过程不能为过程名赋值
   D. Function 过程结果要返回一个函数值，Sub 过程可以没有数值返回
6. 关于过程调用，不正确的叙述是（　　）。
   A. Function 过程可以作为表达式或表达式的一部分，不能作为单独的语句调用
   B. Sub 过程只能作为表达式或表达式的一部分，不能作为单独的语句调用
   C. Sub 过程是用一条独立的语句来调用的
   D. 调用 Sub 过程时，只能通过传地址方式由实参变量把结果带回到调用过程
7. 若定义过程的参数传递方式为传值方式，用关键字（　　）。
   A. ByVal　　　　B. ByAdr　　　　C. Val　　　　D. Dim
8. 参数是传值时，相应的实参不可以是（　　）。
   A. 变量　　　　　B. 常量　　　　　C. 表达式　　　　D. 数组
9. 以下关于过程及过程参数的描述中，正确的是（　　）。
   A. 过程的参数不可以是控件名称
   B. 用数组作为过程的参数时，使用的是"传地址"方式
   C. 只有函数过程能将过程中处理的信息传回到调用的程序中

D. 文本框的内容不可以作为过程的参数

10. 关于过程作用域的叙述,不正确的是( )。

A. Function 过程和 Sub 过程既可以写在窗体模块中,也可以写在标准模块中

B. 用关键字 Static 和 Public 定义的过程,可供该应用程序的所有过程调用

C. 加 Private 关键字只能被定义的窗体或模块中的过程调用

D. 加 Public 关键字定义的过程,可供该应用程序的所有窗体和所有标准模块中的过程调用

11. 关于变量作用域的叙述,不正确的是( )。

A. 在过程内部使用 Dim 或者 Static 定义的变量,只在声明它们的过程中才能被访问或改变该变量的值,其他的过程不可访问

B. 在窗体或模块的"通用声明"段中用 Dim 语句声明的变量,可被本窗体或模块的任何过程访问

C. 在窗体模块或标准模块的顶部的"通用"声明段用 Public 关键字声明的变量,它的作用范围是整个应用程序,即可被本应用程序的任何过程或函数访问

D. 用 Static 关键字来声明的变量,根据声明语句位置不同,可能是局部变量,也可能是窗体级变量,还可能是全局变量

12. 若已编写了一个 Sort 子过程,在该工程中有多个窗体,为了方便地调用 Sort 子过程,应该将过程放在( )中。

A. 窗体模块　　　　B. 标准模块　　　　C. 类模块　　　　D. 工程

13. 单击"工程"菜单中的( )命令,可以添加一个标准模块。

A. 添加过程　　　　B. 通用过程　　　　C. 添加模块　　　　D. 添加窗体

14. 下面子过程语句说明合法的是( )。

A. Sub f1(ByVal n%( ))　　　　　　B. Sub f1(n%) As Integer

C. Function f1%(f1%)　　　　　　　D. Function f1(ByVal n%)

15. 下面过程定义中正确的语句是( )。

A. Sub p1(n) As Integer　　　　　　B. Sub p1(ByVal a( ))

C. Function p1(p1)　　　　　　　　D. Function p1(ByVal x)

16. 若要在调用过程后通过参数返回两个结果,下面过程定义语句正确的是( )。

A. Sub p(a,b)　　　　　　　　　　B. Sub p (ByVal a,ByVal b)

C. Sub p(a,ByVal b)　　　　　　　　D. Sub p(ByVal a,b)

17. 如果已经用 Sub maxi(x As Integer,y As Integer)定义了一个过程,下面正确的调用语句是( )。

A. maxi 10,10　　　　　　　　　　B. Call maxi(10,10,15)

C. maxi "good",10　　　　　　　　D. Call maxi 10,10

18. 若有一个过程定义成 Public Sub w1(ByVal x As Integer,y As Integer),调用该过程的正确形式是( )。

A. w1(x,3)　　　B. Call w1(x,3)　　　C. Call w1　　　D. w1(3,x)

19. 设有如下说明:

```
Public Sub f1(n%)
    ...
```

```
    n=3*n+4
    ...
End Sub
Private Sub Command1_Click( )
Dim n%,m%
n=3
m=4
...
'调用 f1 语句
...
End Sub
```

则在 Command1_Click 事件中有效的调用语句是（　　）。

A. f1 n+m 　　B. f1 m 　　C. f1 5 　　D. f1 m+5

20. 设有下列程序代码，单击命令按钮时，输出的结果是（　　）。

```
Sub ss(ByVal x,ByRef y,z)
  x=x+1
  y=y+1
  z=z+1
End Sub
Private Sub Command1_Click( )
  a=1:b=1:c=2
  Call ss(a,b,c)
Print a,b,c
End Sub
```

A. 1　1　2　　B. 1　2　3　　C. 2　1　3　　D. 1　1　3

21. 下面过程运行后显示的结果是（　　）。

```
Public Sub F1(n%,ByVal m%)
n=n Mod 10
m=m\10
End Sub
Private Sub Command1_Click( )
Dim x%,y%
x=12: y=34
Call F1(x,y)
Print x,y
End Sub
```

A. 2　34　　B. 12　34　　C. 2　3　　D. 12　3

22. 如下程序，运行的结果是（　　）。

```
Public Sub Proc(a%( ))
  Static i%
  Do
```

```
        a(i)=a(i)+a(i+1)
        i=i+1
    Loop While i<2
End Sub
Private Sub Command1_Click( )
    Dim m%,i%,x%(10)
    For i=0 To 4
        x(i)=i+1
    Next i
    For i=1 To 2
        Call Proc(x)
    Next i
    For i=0 To 4
        Print x(i),
    Next i
End Sub
```

A. 3 4 7 5 6   B. 3 5 7 4 5
C. 2 3 4 4 5   D. 4 5 6 7 8

23. 下列程序运行后，单击命令按钮，窗体上显示的内容是（　　）。

```
Private Sub Command1_Click( )
    Dim num As Integer
    num=1
    Do Until num>6
        Print num,
        num=num+2.4
    Loop
End Sub
```

A. 1 3 4 5 8   B. 1 3 5
C. 1 4 7   D. 无数据输出

24. 下列程序运行后，单击命令按钮，窗体上显示的内容是（　　）。

```
Private Sub Command1_Click( )
    Dim a As Integer, s As Integer
    a=8
    s=1
    Do
        s=s+a
        a=a-1
    Loop While a<=0
    Print s;a
End Sub
```

A. 7 9   B. 34 0   C. 9 7   D. 无限循环

25. 单击命令按钮时，下列程序代码的执行结果是（   ）。
```
Function firproc(x As Integer,y As Integer,z As Integer)
   firproc=2*x+y+3*z
End Function
Function secproc(x As Integer,y As Integer,z As Integer)
   secproc=firproc(z,x,y)+x
End Function
Private Sub Command1_Click( )
   Dim a As Integer,b As Integer,c As Integer
   a=2:b=3:c=4
   print secproc(c,b,a)
End Sub
```
A. 21　　　　　　B. 19　　　　　　C. 17　　　　　　D. 34

26. 单击一次命令按钮之后，下列程序代码的执行结果为（   ）。
```
Private Sub Command1_Click( )
   s=p(1)+p(2)+p(3)+p(4)
   Print s;
End Sub
Public Function p(n As Integer)
   Static sum
   For i=1 To n
      sum=sum+i
   Next i
   p=sum
End Function
```
A. 20　　　　　　B. 35　　　　　　C. 115　　　　　D. 135

27. 单击窗体时，下列程序代码的执行结果为（   ）。
```
Private Sub Form_Click( )
   text 2
End Sub
Private Sub text(x As Integer)
   x=x*2+1
   If x<6 Then
      Call text(x)
   End If
   x=x*2+1
   Print x,
End Sub
```
A. 23   47　　　　B. 11   35　　　　C. 22   45　　　　D. 24   51

28. 如下程序运行的结果是（   ）。
```
Private Sub Command1_Click( )
```

```
    Print p1(3,7)
End Sub
Public Function p1!(x!,n%)
  If n=0 Then
    p1=1
  Else
    If n Mod 2=1 Then
      p1=x*p1(x,n\2)
    Else
      p1=p1(x,n\2)\x
    End If
  End If
End Function
```
A. 27   B. 7   C. 14   D. 18

29. 如下程序运行的结果是（   ）。
```
Dim a%,b%,c%
Public Sub p1(x%,y%)
  Dim c%
  x=2*x:y=y+2:c=x+y
End Sub
Public Sub p2(x%,ByVal y%)
  Dim c%
  x=2*x:y=y+2:c=x+y
End Sub
Private Sub Command1_Click( )
  a=3:b=4:c=6
  Call p1(a, b)
  Print "a=";a;"b=";b;"c=";c
  Call p2(a,b)
  Print "a=";a;"b=";b;"c=";c
End Sub
```
A. a=3 b=4 c=6   B. a=6 b=6 c=6
   a=6 b=6 c=10   a=3 b=4 c=6
C. a=6 b=6 c=6   D. a=3 b=4 c=6
   a=12 b=6 c=6   a=12 b=6 c=6

30. 单击命令按钮，执行下列程序，结果是（   ）。
```
Sub Sum(n As Integer,s As Integer)
  Dim i As Integer
  For i=1 To n
    s=s+i
  Next i
```

```
End Sub
Private Sub Command1_Click( )
  Dim i As Integer,s As Integer,sm As Integer
  For i=1 To 3
    Call sum(i,s)
    sm=sm+s
  Next i
  print "sum=";sm
End Sub
```

A. sum=15   B. sum=12   C. sum=10   D. sum=14

31. 阅读程序：

```
Function F(a As Integer)
  b=0
  Static c
  b=b+1
  c=c+1
  F=a+b+c
End Function
Private Sub Command1_Click( )
  Dim a As Integer
  a=2
  For i=1 To 3
    Print F(a)
  Next i
End Sub
```

运行上面的程序，单击命令按钮，输出结果为（   ）。

A. 4   B. 4   C. 4   D. 4
   4   5   6   7
   4   6   8   9

32. 阅读程序：

```
Sub subP(b( ) As Integer)
  For i=1 To 4
    b(i)=2*i
  Next i
End Sub
Private Sub Command1_Click( )
  Dim a(1 To 4) As Integer
  a(1)=5
  a(2)=6
  a(3)=7
  a(4)=8
```

```
subP a( )
  For i=1 To 4
    Print a(i)
  Next i
End Sub
```

运行上面的程序，单击命令按钮，输出结果为（   ）。

A. 2　　　　　B. 5　　　　　C. 10　　　　　D. 出错
   4　　　　　　 6　　　　　　 12
   6　　　　　　 7　　　　　　 14
   8　　　　　　 8　　　　　　 16

33. 假定有下面的过程：

```
Function Func(a As Integer,b As Integer) As Integer
  Static m As Integer,i As Integer
  i=2
  i=i+m+1
  m=i+a+b
  Func=m
End Function
```

在窗体上画一个命令按钮，然后编写如下事件过程：

```
Private Sub Command1_Click( )
  Dim k As Integer,m As Integer
  Dim p As Integer
  k=4
  m=1
  p=Func(k,m)
  Print p;
  p=Func(k,m)
  print p
End Sub
```

程序运行后，单击命令按钮，输出结果为（   ）。

A. 8   17　　　　B. 8   16　　　　C. 8   20　　　　D. 8   8

34. 在窗体上画一个命令按钮，然后编写如下程序：

```
Sub inc(a As Integer)
  Static x As Integer
  x=x+a
  print x;
End Sub
Private Sub Command1_Click( )
  inc 2
  inc 3
  inc 4
```

End Sub

程序运行后,第一次单击命令按钮时,输出结果为(   )。

A. 2 5 9　　　　B. 2 3 5　　　　C. 2 5 7　　　　D. 2 3 7

35. 在窗体上画一个命令按钮,然后编写如下程序:

```
Function fun(ByVal num As Long) As Long
    Dim k As Long
    k=1
    num=Abs(num)
    Do While num
        k=k*(num Mod 10)
        num=num\10
    Loop
    fun=k
End Function
Private Sub Command1_Click( )
    Dim n As Long
    Dim r As Long
    n=InputBox("请输入一个数")
    n=CLng(n)
    r=fun(n)
    Print r
End Sub
```

程序运行后,单击命令按钮,在输入对话框中输入 234,输出结果为(   )。

A. 24　　　　　　　　　　　　　B. 234

C. 12　　　　　　　　　　　　　D. 程序错误,无结果输出

36. 在窗体上画一个命令按钮,然后编写如下程序:

```
Function M(x As Integer,y As Integer) As Integer
    m=IIf(x>y,x,y)
End Function
Private Sub Command1_Click( )
    Dim a As Integer, b As Integer
    a=1
    b=2
    print M(a,b)
End Sub
```

程序运行后,单击命令按钮,输出结果为(   )。

A. 1　　　　　B. 3　　　　　C. 2　　　　　D. 4

37. 有如下的程序:

```
Private Sub Form_Click( )
    Dim x As Integer,y As Integer
    a=7
```

```
    b=3
    Call test(6,a+1,b+1)
    print "主程序",6,a,b
End Sub
Sub test(x As Integer,y As Integer,z As Integer)
    print "子程序",x,y,z
    x=2
    y=4
    z=9
End Sub
```

当运行程序后，显示的结果是（　　）。

A. 子程序 6　3　　　　　　　　B. 主程序 6　4　3
　 主程序 6　8　4　　　　　　　　子程序 6　8　4
C. 主程序 6　8　4　　　　　　　D. 子程序 6　8　4
　 子程序 6　4　3　　　　　　　　主程序 6　7　3

38. 如下程序，运行的结果是（　　）。

```
Private Sub Form_Click( )
    Dim m As Integer,i As Integer,x(10) As Integer
    For i=0 To 4
        x(i)=i+1
    Next i
    For i=1 To 2
        Call proc(x)
    Next i
    For i=0 To 4
        print x(i);
    Next i
End Sub
Public Sub proc(a( ) As Integer)
    Static i As Integer
    Do
        a(i)=a(i)+a(i+1)
        i=i+1
    Loop While i<2
End Sub
```

A. 3　4　7　5　6　　　　　　　B. 3　5　7　4　5
C. 2　3　4　4　5　　　　　　　D. 4　5　6　7　8

39. 窗体上有 Text1、Text2 两个文本框及一个命令按钮 Command1，编写下列程序：

```
Dim y As Integer
Private Sub Command1_Click( )
    Dim x As Integer
```

```
    x=2
    Text1.Text=P2(P1(x),y)
    Text2.Text=P1(x)
End Sub
Private Function P1(x As Integer) As Integer
    x=x+y: y=x+y
    p1=x+y
End Function
Private Function P2(x As Integer,y As Integer) As Integer
    p2=2*x+y
End Function
```
当单击 1 次和单击 2 次命令按钮后，文本框 Text1 和 Text2 内的值分别是（   ）。
A. 2   4   B. 2   4   C. 10   10   D. 4   4
   2   4   4   8   58   58   8   8

40. 下列程序的执行结果为（   ）。
```
Private Sub Command1_Click( )
    Dim FirStr As String
    FirStr="abcdef"
    print Pat(FirStr)
End Sub
Private Function Pat(xStr As String) As String
    Dim tempStr As String, strLen As Integer
    tempStr=""
    strLen=Len(xStr)
    i=1
    Do While i<=Len(xStr)-3
        tempStr=tempStr+Mid(xStr,i,1)+Mid(xStr,strLen-i+1,1)
        i=i+1
    Loop
    Pat=tempStr
End Function
```
A. abcdef   B. afbecd   C. fedcba   D. defabc

二、填空题

1. 在 VB 中，过程定义中有两种传递形式的参数：一种是_____，称为传值调用；另一种是_____，称为传址调用。

2. 函数过程定义中至少有一个赋值语句把表达式的值赋给_____。

3. 若模块中以关键字 Public 定义子过程，则在_____中都可以调用该过程。

4. 每一个用标识符定义的变量、常量、过程都有一个有效范围，这个范围称为标识符的_____。

5. 指定过程中变量的值在退出过程后仍保留其值,则定义变量时,需用关键字_____。

6. 如下程序运行的结果是_____,函数过程的功能是_____。

```
Public Function f(ByVal n%, ByVal r%)
  If n<>0 Then
    f=f(n\r,r)
    print n Mod r
  End If
End Function
Private Sub Command1_Click( )
  print f(100,8)
End Sub
```

7. 如下程序运行的结果是_____,函数过程的功能是_____。

```
Public Function f(m%, n%)
  Do While m<>n
    Do While m>n: m=m-n: Loop
    Do While n>m: n=n-m: Loop
  Loop
  f=m
End Function
Private Sub Command1_Click( )
  print f(24,18)
End Sub
```

8. 两个质数的差为2,称此对质数为质数对。下列程序用于找出100以内的质数对,并成对显示结果。其中,函数IsP( )判断参数m是否为质数。

```
Public Function IsP(m) As Boolean
  Dim i%
  _____
  For i=2 To Int(Sqr(m))
    If_____Then IsP=False
  Next i
End Function
Private Sub Command1_Click( )
Dim i%
p1=IsP(3)
For i=5 To 100 Step 2
    p2=IsP(i)
    If_____Then Print i-2,i
    p1_____
Next i
End Sub
```

9. 下列程序的运行结果是_____。
```
Private Sub Command1_Click( )
  Dim a As Integer,b As Integer,c As Integer
  Call s(8,6,a)
  Call s(7,a,b)
  Call s(a,b,c)
  print "a=";a,"b=";b,"c=";c
End Sub
Private Sub s(x As Integer,y As Integer,z As Integer)
  z=y-x
End Sub
```

10. 下列程序运行后，单击命令按钮，则在文本框中显示的内容是_____。
```
Public Sub fun(a( ),ByVal x As Integer)
  For i=1 To 5
    x=x+a(i)
  Next
End Sub
Private Sub Command1_Click( )
  Dim arr(5) As Variant
  for i=1 To 5
    arr(i)=i
  Next
  n=12
  Call fun(arr( ),n)
  Text1.text=n
End Sub
```

11. 下列程序的运行结果是_____。
```
Sub test(a,b,s)
  Static m
  a=10*a
  b=b-10
  m=m+a+b
  s=2*m
End Sub
Private Sub Form_Click( )
  x=1
  y=20
  Call test(x,y,s)
  x=1: y=20
  Call test(x,y,s)
  print x,y,s
End Sub
```

12. 计算并输出 100 以内所有的素数及它们的和。

```
Function prm(n)
        f=-1
        For i=2 to sqr(n)
          If n mod i=0 then_____
        Next i
        prm=f

Private Sub Form_Click( )
        For i=2 to 100
          If_____then
            print i;
            sum=sum+i
          End if
        Next i
        print "sum=";sum
End Sub
```

13. 求 s=4!+5!+6!+7!

```
Private Sub fact(n,f)
_____
For i=1 to n
     _____
Next i
End Sub
Private Sub Form_Click( )
   For i=4 to 7
        _____
        sum=sum+f
   Next i
print "sum=";sum
End Sub
```

14. 有 a，b，c 三个数，编写程序，将三个数由大到小输出。

```
Sub swap(x,y)
   z=x
    _____
   y=z
End Sub
Sub sort(a,b,c)
   If a<b then swap a,b
   If a<c then swap a,c
   If b<c then swap b,c
End Sub
```

```
Private Sub Form_Click( )
    a=InputBox("a=")
    b=InputBox("b=")
    c=InputBox("c=")
    _____
    print a,b,c
End Sub
```

15. 求 m，n 的最大公约数和最小公倍数。

```
Sub HCF(ByVal m,ByVal n,h)
    _____
    Do While r<>0
        m=n
n=r
    _____
Loop
h=n
End Sub
Sub LCM(m,n,h)
    H=m*n/h
End Sub
Private Sub Form_Click( )
m=InputBox("m=")
        n= InputBox ("n=")
_____
print m;"和";n;"的最大公约数=";h
_____
print m;"和";n;"的最小公倍数=";h
End Sub
```

三、编程题

1. 给定三组已按升序排列好的整型数据，使用过程编写程序把它们合并为一组仍能按升序排列的数据。

2. 用递归子程序求 m、n 的最大公约数。

3. 写一个函数过程，判断一个数是否是一个"完数"。所谓完数，是指该数的值等于其所有因子之和。例如，6=1+2+3，6 是一个完数。求 1~200 的所有完数。

第 8 章习题参考答案

第9章 常用控件

一、选择题

1. 对于 Name 属性，正确的是（　　）。
   A. Name 属性可以在代码中修改　　　　B. Name 属性可以为空
   C. My.list 是一个非法的对象名　　　　D. 不同的对象不可以有相同的对象名
2. 对于文本格式，以下说法不正确的是（　　）。
   A. Text1.Font.Bold=True　　　　　　　B. Text1.FontBold=True
   C. Label1.FontBold=True　　　　　　　D. 不能用 Label1.Font.Bold 属性进行设置
3. 需要判断文本框中是否按下了 Enter 键，以下说法正确的是（　　）。
   A. 可以判断 KeyPress 的 ASCII 参数　　B. 可以判断 KeyPress 的 KeyASCII 参数
   C. 可以判断 KeyDown 的 KeyASCII 参数　D. 可以判断 KeyDown 的 ASCII 参数
4. 关于 BackColor 属性，以下说法正确的是（　　）。
   A. BackColor 不影响已经显示的内容
   B. 对于 Form 和 Picture，设置 BackColor 将删除文字和图片
   C. 对于 Label 和 Shape，将总是忽略 BackColor
   D. 设置了 ForeColor 后，BackColor 将不起作用
5. 关于框架与控件的绑定，以下正确的是（　　）。
   A. 分别在不同位置添加框架和控件，再将控件拖到框架上
   B. 先添加控件，再添加框架将控件包围
   C. 先添加框架，再在框架中添加控件
   D. 先添加框架，再双击工具箱中的控件
6. 在框架中创建按钮数组，以下正确的是（　　）。
   A. 在框架中逐个添加按钮，并将 Name 属性改为同一个，同意创建控件数组
   B. 在框架中添加按钮，选择按钮，复制，粘贴
   C. 在框架中添加按钮，选择按钮，复制，选择框架，粘贴，不同意创建控件数组
   D. 在框架中添加按钮，按住 Ctrl 键，拖动按钮到框架的另一个位置
7. 使用 Picture 显示图像，以下正确的是（　　）。
   A. Picture 不能自动调整大小显示整幅图像
   B. 设置 AutoSize 为 True，使得 Picture 自动调整大小显示整幅图像
   C. 设置 Stretch 为 True，使得 Picture 自动调整大小显示整幅图像
   D. 设置 FillStyle 为 Solid，使得 Picture 自动调整大小显示整幅图像
8. 运行时，要清除 Picture 中的图像（Name="P1"），应该使用（　　）。
   A. P1.Picture=""　　　　　　　　　　　B. P1.Picture=Null
   C. P1.LoadPicture=""　　　　　　　　　D. P1.Picture=LoadPicture( )

9. 关于 Picture 的 Cls 方法的作用,以下不正确的是（　　）。
A. 可以清除用 Print 打印的字符
B. 不可以清除包含在 Picture 中的 Label 控件显示的字符
C. 可以清除用 Line 等图形命令绘制的图形
D. 不可以清除用 Line 等图形命令绘制的图形

10. 判断单选按钮被选中的属性是（　　）。
A. Enabled　　　　B. Checked　　　　C. Visible　　　　D. Value

11. 以下关于图片框（PictureBox）的说法,不正确的是（　　）。
A. 图片框可以作为控件的容器
B. 图片框可以调整图形的大小来适应控件的大小
C. 图片框的大小可以随图形的大小自动调整
D. 图片框可以接收 MouseDown 等事件

12. 以下说法不正确的是（　　）。
A. 不同容器中的单选按钮互不影响
B. 窗体直接拥有的单选按钮和容器中的单选按钮互不影响
C. 同一容器中的单选按钮一次只能选择一个
D. 容器中直接拥有的单选按钮一次只能选择一个

13. 判断复选框被选中的属性是（　　）。
A. Enabled　　　　B. Checked　　　　C. Visible　　　　D. Value

14. 关于 ListBox,以下说法不正确的是（　　）。
A. 设置 Style=1,使得每行出现复选框
B. 通过属性 ListIndex 可以设置或读取当前选中项的索引
C. 通过属性 ListCount 可以获知全部选项的数目
D. 列表元素不能排序

15. 关于 ListBox,以下说法正确的是（　　）。
A. List1.List(List1.ListCount)访问列表框的最后一项
B. List1.RemoveItem　List1.ListCount 删除列表框的最后一项
C. List1.Selected(List1.ListCount)选中列表框的最后一项
D. List1.AddItem "itemName",List1.ListCount 在列表框最后增加一项

16. 关于组合框（ComboBox）,以下说法正确的是（　　）。
A. 当 Style 的值从 0 变为 1 时,组合框变成了文本框
B. Style = 0 时,组合框可以输入,并且自动将输入项添加到列表框中
C. Style = 1 时,组合框不可以输入
D. Style = 2 时,组合框不可以输入

17. 关于组合框,以下不正确的是（　　）。
A. 添加项目使用 AddItem 方法　　　　B. 删除项目使用 RemoveItem 方法
C. 清空所有项目使用 Clear 方法　　　　D. 清空所有项目使用 Cls 方法

18. 定时器（Timer）的 Interval 属性的时间单位是（　　）。
A. 小时　　　　B. 毫秒　　　　C. 秒　　　　D. 分

19. 关于 Timer,以下正确的是（　　）。

A. 可以设置 Visible 属性，使得 Timer 可见

B. 只有当 Enabled 为 True 时，系统才会触发 Timer 事件

C. 加载窗体时，Enabled 自动变为 True

D. 一旦初始化完成，Enabled 属性不能修改

20. 对于滚动条，要设置单击两端箭头时的变化值，要设置的属性是（   ）。

A. Min　　　　　　B. Max　　　　　　C. SmallChange　　D. LargeChange

21. 对于滚动条，要设置单击两端箭头之间的空白区时的变化值，要设置的属性是（   ）。

A. Min　　　　　　B. Max　　　　　　C. SmallChange　　D. LargeChange

22. 使用菜单时，对于菜单项，必须输入的是（   ）。

A. 名称　　　　　　B. 索引　　　　　　C. 标题　　　　　　D. 帮助上下文

23. 要使列表框中每一项左边出现复选框，需要设置（   ）。

A. Selected　　　　B. Style　　　　　　C. Checked　　　　D. List

24. 要选择列表框的第 3 项，语句为（   ）。

A. List1.Selected(3)=True　　　　　B. List1.ListIndex=3

C. List1.Selected(2)=True　　　　　D. List1.Selected=2

25. 要添加 ComboBox 中的项目，使用（   ）。

A. Add　　　　　　B. Remove　　　　C. AddItem　　　　D. RemoveItem

26. 启动 Timer 控件，需要设置（   ）。

A. Enabled　　　　B. Visible　　　　　C. Time　　　　　　D. Capable

27. 隐藏命令按钮控件，应该设置（   ）属性。

A. Visible　　　　　B. Value　　　　　C. Caption　　　　D. Enabled

28. 可以使用（   ）判断复选框是否被选中。

A. Checked　　　　B. IsChecked　　　C. Value　　　　　D. Selected

29. 访问列表框中第 i 项的内容，需要使用（   ）属性。

A. IsSelected　　　B. ListIndex　　　　C. List　　　　　　D. Text

30. 运行时不能输入文字的控件是（   ）。

A. 文本框　　　　　B. 下拉组合框　　　C. 简单组合框　　　D. 下拉列表框

二、填空题

1. 使用_____方法将焦点定位在某个控件上。

2. 文本框能够接受的最大字符个数由_____属性决定。

3. 要设置按钮的背景色，必须要设置_____。

4. 在文本框输入字符时，要求显示*字符，应该设置_____。

5. 设置_____，显示多行文本框。

6. 对于 ListBox 对象 list1，使用_____语句将 Itemname 添加到 list1 的最后一项。

7. 可以通过_____属性获得 ListBox 或 ComboBox 的列表项数目。

三、编程题

1. 编程实现多个图片循环滚动显示,滚动速度可以调整。假设图片大小相同,数目固定。建议:用一个 PictureBox 作为显示区域,用一个 Image 数组加载图片,通过 Timer 修改每个 Image 的位置,使用 Slider 控件调整速度。

2. 实现类似帮助中的索引功能。一个文本框和一个列表框,列表框的数据是固定有序的,当在文本框中输入文字时,如果在列表框中存在以输入字符串为前缀的列表项,则自动定位到该项,否则不做处理。

第 9 章习题参考答案

第10章 文 件

一、选择题

1. 下面关于顺序文件的描述，正确的是（　　）。
   A. 每条记录的长度必须相同
   B. 可通过编程对文件中的某条记录方便地修改
   C. 数据只能以 ASCII 码形式存放在文件中，所以可通过文本编辑软件显示
   D. 文件的组织结构复杂

2. 下列叙述中，错误的是（　　）。
   A. 文件号的使用范围是 1～255
   B. 顺序文件中的数据或者只能读，或者只能写
   C. 随机文件一打开，可以同时进行读和写
   D. 顺序文件和随机文件的打开都必须使用 Open 语句

3. 对于随机文件，不正确的叙述是（　　）。
   A. 每个记录的长度相等　　　　　　　　B. 可以随机访问其中的记录
   C. 必须按顺序访问　　　　　　　　　　D. 可以向文件中插入记录

4. 若以读的方式打开顺序文件 "D:\file1.dat"，则正确的语句是（　　）。
   A. Open "D:\file1.dat" For Output As #1　　B. Open "D:\file1.dat" For Input As #1
   C. Open "D:\file1.dat" For Binary As #1　　D. Open "D:\file1.dat" For Random As #1

5. 要获得文件列表框中当前被选中的文件的文件名，则应使用（　　）属性。
   A. Dir　　　　　　B. Path　　　　　　C. Drive　　　　　　D. FileName

6. 要使目录列表框（名称为 Dir1）中的目录随着驱动器列表框（名称为 Drive1）中所选择的当前驱动器的不同而发生变化，则应（　　）。
   A. 在 Dir1 中的 Change 事件中，书写语句 Dir1.Drive=Drive1.Drive
   B. 在 Dir1 中的 Change 事件中，书写语句 Dir1.Path=Drive1.Drive
   C. 在 Drive1 中的 Change 事件中，书写语句 Dir1.Path=Drive1.Drive
   D. 在 Drive1 中的 Change 事件中，书写语句 Dir1.Drive=Drive1.Drive

7. 按文件的组织方式可将文件分为（　　）。
   A. 顺序文件和随机文件　　　　　　　　B. ASCII 文件和二进制文件
   C. 程序文件和数据文件　　　　　　　　D. 磁盘文件和打印文件

8. 文件号最大可取的值为（　　）。
   A. 255　　　　　　B. 511　　　　　　C. 512　　　　　　D. 256

9. 要从磁盘上新建一个文件名为 "C:\t1.txt" 顺序文件，下面语句正确的是（　　）。
   A. F="t1.txt"　　Open F For Append As #2　　B. F="C:\t1.txt"　　Open "F" For Output As #2
   C. Open C:\t1.txt For Output As #2　　　　　D. Open "C:\t1.txt" For Output As #2

10. 向随机文件中增加一条记录，应使用（　　）。
 A. Get 语句　　　　B. Kill 语句　　　　C. Write 语句　　　　D. Put 语句
11. 使用驱动器列表框可以返回或设置磁盘驱动器的名称的属性是（　　）。
 A. ChDrive　　　　B. Drive　　　　C. List　　　　D. ListIndex
12. 要获得打开文件的长度（字节数），应使用（　　）函数。
 A. EOF( )　　　　B. LEN( )　　　　C. LOC( )　　　　D. FILELEN( )
13. 目录列表框和文件列表框都有（　　）属性。
 A. Filename　　　　B. Value　　　　C. Path　　　　D. Pattern
14. 以下不属于文件存取方式的是（　　）。
 A. 顺序方式　　　　B. 随机方式　　　　C. ASCII 方式　　　　D. 二进制方式
15. 利用（　　）函数可以判断在访问文件时是否已经到达了文件尾。
 A. LOF( )　　　　B. LOC( )　　　　C. EOF( )　　　　D. BOF( )
16. Open 语句以 Input 方式打开一个顺序文件，从该文件中读数据，则被打开的（　　）。
 A. 必须是一个已存在的文件　　　　B. 必须是一个正要建立的文件
 C. 用户在打开时指定文件是否已存在　　　　D. 用户可以不必考虑文件是否存在
17. 把一个记录型变量的内容写入文件中指定的位置，所使用的语句的格式为（　　）。
 A. Get 文件号,记录号,变量名　　　　B. Get 文件号,变量名,记录号
 C. Put 文件号,变量名,记录号　　　　D. Put 文件号,记录号,变量名
18. 下面（　　）语句创建了一个 FileSystemObject 对象。
 A. Dim fsox As Object　　　　B. Dim fsox As New FileSystemObject
 C. Dim fsox As FileSystemObject　　　　D. Dim fsox
19. FSO 对象只能访问（　　）。
 A. 二进制文件　　　　B. 随机文件　　　　C. 纯文本文件　　　　D. 磁盘文件
20. 下面叙述正确的是（　　）。
 A. 可以使用 FileSystemObject 对象的 OpenTextFile 方法打开文件，但不能创建文件
 B. 可以使用 FileSystemObject 对象的 OpenTextFile 方法创建文件
 C. 可以使用 File 对象的 Open As TextStream 方法打开文件，但不能创建文件
 D. 以上均不对

二、填空题

1. 在 VB 中,根据计算机存取文件的方式可将文件分成_____、_____和_____。
2. 要将数据写入顺序文件,可使用_____和_____语句。
3. 为了获得当前可使用的文件通道号,可以调用_____函数。
4. 顺序文件与随机文件相比较,占用内存资源较少的是_____文件。
5. 随机文件以_____为单位读/写,二进制文件以_____为单位读/写。
6. 若要在 C 盘 dir1 目录下的顺序文件 file1.dat 的后面追加数据,使用 3 号通道打开文件,所用的 Open 语句为_____。
7. Open 语句中 For 子句的作用是_____。
8. 若要删除文件"C:\dir1\file1.txt",命令为_____。

9. 定义记录类型的程序段应放在_____中。

10. 如果在打开随机文件时省略了记录长度参数，则记录的默认长度是_____。

三、编程题

1. 编一程序，输入某单位职工的通讯录，存放到 D:\txl.rec，文件中的每个记录包括职工编号、姓名、电话号码、邮政编码和住址。

2. 从键盘上输入职工的编号，在由第 1 题所建立的通讯录文件 D:\txl.rec 中查找该职工资料。查找成功时，显示职工的姓名、电话号码、邮政编码和住址；查找失败时，给出错误信息。

第 10 章习题参考答案

第 11 章 用户界面设计

一、选择题

1. 要设置自定义的 MouseIcon，以下正确的是（   ）。
   A. 只需要设置 MouseIcon 属性
   B. 设置 MouseIcon 属性，并且设置 MousePointer=99
   C. 设置 Icon 属性
   D. 设置 Mouse 属性

2. 需要实时显示鼠标的当前位置，应该在（   ）事件中获得鼠标的位置。
   A. MouseDown   B. MouseUp   C. MouseMove   D. Click

3. 对于 Shift、Ctrl 和 Alt 键，以下说法正确的是（   ）。
   A. 通过 MouseDown 事件只能判断 Shift 键是否被按下
   B. 通过 MouseDown 事件只能判断 Shift、Ctrl 和 Alt 键中的一个键是否被按下
   C. 通过 MouseDown 事件可以判断 Shift、Ctrl 和 Alt 键中的一个或多个键是否被按下
   D. 通过 MouseUp 事件不可以判断 Shift、Ctrl 和 Alt 键中的一个或多个键是否被按下

4. 通用对话框控件打开字体对话框时，希望显示删除线、下划线和颜色，需要设置 Flags 为（   ）。
   A. cdlCFWYSIWYG   B. cdlCFHelpButton
   C. cdlCFEffects   D. cdlCFBoth

二、填空题

1. 菜单控件只包含一个_____事件。

2. 菜单中的分隔条通过在菜单编辑器的_____中键入一个"-"字符。

3. 在设计应用程序的窗口界面时，大部分控件可以设置_____属性来添加功能提示，该信息_____在运行时设置。

第 11 章习题参考答案

第12章 图形操作

一、选择题

1. Line(50,60)-Step(70,80)将在窗体的（　　）画一条直线。
   A. (50,60)到(70,80)　　　　　　　　B. (120,140)到(70,80)
   C. (50,60)到(120,140)　　　　　　　D. (50,60)到(130,130)
2. 用来设置某图形能否改变尺寸以适应图像框大小的属性是（　　）。
   A. AutoSize　　　B. Stretch　　　C. Fill　　　D. Size
3. 可以对单选按钮分组的是（　　）。
   A. Label　　　B. Image　　　C. PictureBox　　　D. Form
4. 使用 Shape 控件不能绘制的图形是（　　）。
   A. 线段　　　B. 矩形　　　C. 圆角矩形　　　D. 正三角形
5. 可以做控件容器的是（　　）。
   A. Label　　　B. Image　　　C. PictureBox　　　D. ListBox
6. 以下不能输出文本的是（　　）。
   A. TextBox　　　B. PictureBox　　　C. Label　　　D. mage
7. 清除 PictureBox 中文本的方法是（　　）。
   A. Clear　　　B. ClearText　　　C. Cls　　　D. ClearBackground
8. 重定义坐标系，可以用（　　）。
   A. Scale　　　B. ReScale　　　C. XYScale　　　D. NewScale
9. 执行 Form1.Scale (a,b)-(c,d)设定坐标系，要求 x 轴向右，y 轴向上，则（　　）。
   A. a＞c,b＞d　　　B. a＞c,b＜d　　　C. a＜c,b＜d　　　D. a＜c,b＞d
10. 关于线宽和线型，以下正确的是（　　）。
    A. 线宽和线型可以同时起作用　　　　B. 线宽和线型不能同时起作用
    C. 线宽大于 1 时，线型不起作用　　　D. 线宽大于 1 时,实线以外的线型不起作用

二、填空题

1. 图形框内可使 PictureBox 根据图片调整大小的属性为_____。
2. 执行_____语句，可以清除 Picture1 图片框内的图片。
3. 访问(20,30)位置处像素点颜色的语句是_____。
4. 需要设置窗口 Form1 的刻度单位是像素，执行的语句是_____。
5. 使用_____方法来清理 Form 和 PictureBox 中用命令显示的图形和文字。
6. VB 的默认坐标系统是,原点在_____，X 轴向_____，Y 轴向_____。
7. 在 PictureBox 控件上画圆，圆心(50,50)，半径 20，控件名称 Picture1，命令语句

为_____。

8. 自定义 VB 的坐标系统采用_____方法。

9. 清除点(X,Y)的颜色，使用的命令语句是_____。

10. 清除图形框（控件名称 P1）的图片，使用的命令语句是_____。

三、编程题

1. 在窗体上画一条正弦曲线，变化范围在 0～2π。

2. 在窗体上随机绘制实心圆，要求位置随机，半径为[2, 20]之间的随机数，颜色是 QBColor 返回的 16 种颜色中的一种。

3. 设计一个图形化的时钟，显示系统的当前时间。

第 12 章习题参考答案

第 13 章 数据库程序设计

一、选择题

1. DB、DBMS 和 DBS 三者之间的关系是（   ）。
   A. DB 包括 DBMS 和 DBS   B. DBS 包括 DB 和 DBMS
   C. DBMS 包括 DB 和 DBS   D. 不能相互包括
2. 视图是一个虚拟表，其内容由查询定义，视图的定义基于（   ）。
   A. 基本表   B. 视图
   C. 基本表或视图   D. 数据字典
3. （   ）模型用二维表结构表示实体及实体间的联系。
   A. 网状模型   B. 层次模型   C. 关系模型   D. 面向对象模型
4. 在 VisData 中每次能打开（   ）数据库。
   A. 一个   B. 两个   C. 三个   D. 多个
5. 在 VisData 中可以利用（   ）菜单打开外部数据库中的表。
   A. 打开   B. 全局替换   C. 附加   D. 新建
6. Microsoft Access 数据库的扩展名是（   ）。
   A. .xls   B. .mdb   C. .txt   D. .db
7. SQL 语句中 SELECT * FROM STUDENT 中的"*"表示（   ）。
   A. 所有记录   B. 所有字段   C. 所有表   D. 所有数据库
8. SQL 语言中，SELECT 语句的执行结果是（   ）。
   A. 属性   B. 表   C. 记录   D. 数据库
9. SQL 语言集数据查询、数据操作、数据定义和数据控制功能于一体，语句 INSERT、DELETE、UPDATE 实现（   ）功能。
   A. 数据查询   B. 数据操纵   C. 数据定义   D. 数据控制
10. 要在 GZ 表中选出年龄在 20~25 岁的记录，则实现的 SQL 语句为（   ）。
    A. SELECT   FROM GZ WHERE 年龄 BETWEEN 20，25
    B. SELECT   FROM GZ WHERE 年龄 BETWEEN 20 AND 25
    C. SELECT * FROM GZ WHERE 年龄 BETWEEN 20 OR 25
    D. SELECT * FROM GZ WHERE 年龄 BETWEEN 20 AND 25
11. 要利用 Data 控件返回数据库中的记录集，则需要设置（   ）属性。
    A. Connect   B. DatabaseName   C. RecordSource   D. RecordType
12. Data 控件的 Reposition 事件发生在（   ）。
    A. 移动记录指针之前   B. 修改与删除记录之后
    C. 一条记录成为当前记录之前   D. 一条记录成为当前记录之后
13. 使用文本框显示数据库表中的字段，应将文本框的（   ）属性设置为数据访问控件 Data1。

  A. DataField B. RecordSource C. Connect D. DataSource

14. 当 Data 控件 RecordSet 对象的 EOF 属性为 Ture 时，表示记录指针处于 RecordSet 对象的（ ）。

  A. 最后一条记录之后   B. 最后一条记录

  C. 第一条记录之前   D. 第一条记录

15. 执行 Data 控件记录集的（ ）方法，可以将修改的记录保存到数据库。

  A. Updateable B. Save C. UpdateControls D. Update

16. 数据绑定控件常用的两个属性分别是（ ）。

  A. DataBaseName 和 DataField B. DataSource 和 DataField

  C. DataBaseName 和 RecordSource D. DataSource 和 DataFormat

17. 利用 Data 控件的（ ）属性可以使用 SQL 的 Select 语句进行查询。

  A. RecordSetType B. DataSource C. RecordSource D. DataField

18. 使用记录集的 Delete 方法删除当前记录后，记录指针位于（ ）。

  A. 被删除记录上   B. 被删除记录的上一条

  C. 被删除记录的下一条   D. 记录集的第一条

19. ADO 控件的 RecordSource 属性设置（ ）。

  A. 与 ADO 连接的数据库   B. 与数据库的连接方式

  C. 数据库类型   D. ADO 控件数据的来源

20. 下列控件中，（ ）是 ActiveX 控件。

  A. DBcomboBox B. Textbox C. ComboBox D. CheckBox

21. DataGrid 控件可以和（ ）数据控件绑定使用。

  A. Data 控件 B. ADO 控件 C. DAO 控件 C. Access

22. DataCombo 控件的 RowSource 属性表示（ ）。

  A. 给 DataCombo 提供列表项的字段 B. 目的表的数据源

  C. 给 DataCombo 提供列表项的数据源 D. 更新目的表的字段

23. 当使用 Find 方法和 Seek 方法查找记录时，可以根据记录集的（ ）属性判断是否找到匹配的记录。

  A. Match B. Nomatch C. Found D. Nofound

24. 通过设置 ADO 控件的（ ）属性可以建立该控件到数据源的连接。

  A. RecordSource B. RecordSet C. ConnectionString D. DataBase

25. ADO 控件的 RecordSet 对象通过（ ）方法添加一条新记录。

  A. MoveFirst B. Edit C. Addnew D. Delete

26. 利用 SQL 语句 SELECT * FROM STUDENT 重新设置 Adodc1.RecordSource 属性后，通常使用（ ）语句刷新新连接。

  A. Adodc1.RecordSet.Refresh B. Adodc1.Refresh

  C. Adodc1.RecordSet.Update D. Adodc1.Recordset.Addnew

27. 当记录指针移过最后一个记录时，希望自动向记录集中添加新记录，应将数据控件的 EOFAction 属性设置为（ ）。

  A. 0 B. 1 C. 2 D. 3

28. 如果想撤销用户对当前数据记录所做的修改，可以使用数据控件的（　　）。
   A. Refresh 方法　　　　　　　　　　B. UpdateControls 方法
   C. UpdateRecord 方法　　　　　　　 D. Move 方法
29. 数据绑定控件 DBList 和 DBCombo 中的数据通过（　　）属性从数据库中获得。
   A. DataSource 和 DataField　　　　　B. RowSource 和 ListField
   C. BoundColumn 和 BoundText　　　　D. DataSource 和 ListField
30. 新增一条记录，利用 Update 更新数据库后，记录指针位于（　　）。
   A. 记录集第一条记录　　　　　　　　B. 记录集最后一条
   C. 新增记录上　　　　　　　　　　　D. 新增记录前的位置上

二、填空题

1. 数据库（Data Base，DB）是指存放数据的仓库，它具有_____、_____、_____特点。
2. 软件设计大体上可以分为两个部分：_____、_____。
3. 数据库系统中常用的三种数据模型：层次模型、_____和_____。
4. 数据库由若干_____组成，表是由若干_____组成，记录由若干_____构成。
5. 查询"学生"表中的学生姓名为"王宏"的学生记录，对应的 SQL 语句是_____。
6. 要预览 DataReport1 对象生成的报表，使用_____语句实现。
7. SQL 语言提供数据库定义、_____、数据控制等功能。
8. VB 提供了许多标准数据绑定控件，如_____、_____、_____等。
9. 数据绑定控件分为两类：一类是_____；另一类是_____。
10. 利用数据绑定控件显示 ADO 控件所连接的记录集，则应该设置数据绑定控件的_____属性。
11. Data 控件的_____属性用来设置所连接的数据库的名称及位置。
12. 要使数据绑定控件能够显示数据库记录集中的数据，必须使用_____属性设置数据源，使用_____属性设置要连接的数据源字段的名称。
13. 记录集的_____属性用于返回记录集中记录的总数。
14. 从数据库中删除记录使用 SQL 中的_____命令。
15. 在数据库中插入记录使用 SQL 中的_____命令。
16. 使用 SELECT 语句从工资表中查询所有女职工的姓名和工资，正确的写法是_____。
17. Data 控件支持的记录集有 3 种类型：_____、_____和快照类型。
18. ADO 控件的_____属性用于设置与数据库的连接。
19. 记录集的_____属性返回记录指针的当前值。

三、编程题

1. 设计一个通讯录管理系统，实现记录的添加、删除、查找、编辑及报表打印等功能。

2. 设计一个图书管理系统，实现图书的入库和查找、读者登记和查找、查找读者的图书借阅情况、还书和超期罚款、系统用户管理和系统参数设置（如借阅天数、超期罚款金额等）等功能。

3. 设计一个人事管理系统，实现人员增加、人员修改、人员删除、名单打印等功能。

第 13 章习题参考答案

参 考 文 献

[1] 谭亮，等. Visual Basic 程序设计上机指导与习题集［M］. 北京：中国铁道出版社，2013.

[2] 马丽艳，等. Visual Basic 程序设计实验实训［M］. 北京：北京理工大学出版社，2011.

[3] 丁志云. Visual Basic 程序设计实验指导书［M］. 北京：电子工业出版社，2008.

[4] 许研. Visual Basic 程序设计实验指导［M］. 北京：清华大学出版社，2012.

[5] 张玉生. Visual Basic 程序设计实验指导［M］. 北京：清华大学出版社，2011.

[6] 罗朝盛. Visual Basic 程序设计实验指导［M］. 北京：科学出版社，2009.